TRAITÉ ÉLÉMENTAIRE
D'ARITHMÉTIQUE

ADAPTÉ AU SYSTÈME MÉTRIQUE

ET

SUIVI DE 300 EXERCICES, RELATIFS A CHAQUE GENRE DE CALCUL

Ouvrage destiné aux écoles primaires

PAR M. CHASTEL

Ex-fonctionnaire dans un collége communal.

CLERMONT

IMPRIMERIE DE FERDINAND THIBAUD, LIBRAIRE

Rue Saint-Genès, 8-10.

1868.

AUTRES OUVRAGES DU MÊME AUTEUR :

HISTOIRE ANCIENNE, DU MOYEN-AGE ET MODERNE, 1 vol. in-12 (poésie). Prix : 2# broché, et 2# 75 relié.

MÉLANGES POÉTIQUES, 1 vol. in-12. Prix : 2# broché, et 2# 75 cartonné.

En vente chez l'Auteur à Vollore-Ville (Puy-de-Dôme).

PRÉFACE.

Les traités d'arithmétique ne manquent pas : on les compterait par centaines ; cela seul suffit pour constater l'importance et l'utilité de cette partie des sciences exactes. Des hommes dévoués et assidus se sont appliqués à rendre accessibles aux enfants toutes les difficultés de calcul que le raisonnement, livré à lui-même, n'aurait pu résoudre sans de grandes difficultés, mais tandis que les uns se sont montrés d'une concision extrême, les autres, par des détails minutieux, sont tombés dans une profusion fatigante, ou se sont arrêtés sur des questions purement oiseuses.

Ce traité, quelque raccourci qu'il paraisse, entre dans toutes les considérations essentielles, et peut suffire à quiconque ne désire connaître que ce qui est nécessaire pour les affaires ordinaires de la vie et pour le commerce. Il est combiné de manière à faciliter le souvenir des moyens de solutions des problèmes les plus compliqués, et se borne aux développements que ne pourrait aisément suppléer l'intelligence des élèves.

Le concours d'un précepteur ne peut qu'être d'un puissant secours, s'il n'est pas indispensable, pour tous ceux qui aspirent à avancer rapidement et d'un pas assuré, dans ce genre d'études où sont requises une application sérieuse et des dispositions spéciales.

Il eût été bon peut-être de développer les considérations qui font ressortir la justesse des divers procédés, mais cela eût occasionné des détails fort longs. Le genre, un peu dogmatique, n'est pas déplacé en cette circonstance, attendu que le précepteur peut combler les lacunes apparentes, relativement aux élèves qui ne sont pas doués d'une intelligence transcendante, et que, pour les autres, des développements plus considérables, devenant superflus, n'aboutiraient qu'à ravir des instants précieux pour l'étude des diverses sciences.

Les règles de trois, offrant de plus grandes difficultés que les autres opérations, sont toutes exposées avec deux moyens de solution : les proportions et la méthode de l'unité; cette dernière manière de procéder semble plus embarrassante dans les problèmes les plus compliqués, mais présente de véritables avantages dans les plus simples. On pourra donc employer celle-ci dans un grand nombre de cas, en pratique, et recourir à celle-là dans les circonstances les plus difficiles.

TRAITÉ ÉLÉMENTAIRE

D'ARITHMÉTIQUE.

PREMIÈRE PARTIE.

NOTIONS PRÉLIMINAIRES.

1. L'*Arithmétique* est la science d'effectuer des opérations sur les nombres.

On appelle *nombre* un assemblage d'unités ou de parties d'unité.

2. L'*Unité* est une quantité prise pour terme de comparaison entre des quantités de même espèce. On distingue deux espèces d'unité : l'unité *naturelle*, comme un arbre, un caillou, et l'unité *conventionnelle*, comme le mètre, le franc.

3. Le mot *quantité* désigne tout ce qui est susceptible d'augmentation ou de diminution. La quantité est nommée *continue* si les parties, qui

la composent, ne sont pas séparées, comme une route, une forêt, et *discontinue*, dans le sens contraire, comme des livres, des fruits.

4. Il y a trois sortes de nombres : 1°. le nombre *entier*, qui ne renferme que des unités, comme quatorze, vingt-six ; 2°. le nombre *fractionnaire*, composé d'unités et de parties d'unités, comme trois et demi, un et deux tiers ; 3°. la *fraction* ne comprenant que des parties d'unité, comme trois quarts, un sixième.

On appelle *nombre décimal* le nombre composé d'une ou de plusieurs unités et de parties d'unités subdivisées de dix en dix.

Le nombre est dit *abstrait*, si les quantités ne sont pas désignées, et *concret*, si les quantités sont désignées ; ainsi six, huit, trente-sept, sont des nombres abstraits ; sept hommes, vingt-cinq moutons, trente francs, sont des nombres concrets.

Tout nombre dont on ne peut exprimer le rapport avec l'unité est nommé *incommensurable*.

5. Le *calcul* consiste à appliquer la théorie des opérations, de manière à aboutir à un résultat.

On se sert, pour les divers genres de calcul, de quatre opérations fondamentales qui sont : l'*addition*, la *soustraction*, la *multiplication* et la *division*. L'addition et la multiplication sont employées pour composer les nombres, la soustraction et la division, pour les décomposer.

6. Dans chaque genre d'opération, il y a à considérer la *définition* qui indique le but proposé; la *règle*, qui donne la marche à suivre; l'*exemple*, par lequel la règle devient plus intelligible; la *preuve*, destinée à constater l'exactitude du résultat.

L'*axiome* est une proposition évidente par elle-même, comme deux et deux font quatre, le tout est égal aux parties qui le composent.

Un *problème* est une question qui requiert une solution pour devenir évidente.

NUMÉRATION.

7. La *numération* enseigne à *former* les nombres, à les *énoncer* et à les *écrire*. Elle est dite *parlée*, lorsqu'il s'agit de la formation et de l'énonciation des nombres, et *écrite* lorsqu'il s'agit des caractères qui les représentent.

NUMÉRATION PARLÉE.

8. Pour former les nombres on part de l'unité qui, ajoutée à elle-même, donne le nombre *deux ;* en ajoutant l'unité à deux on obtient *trois*, puis *quatre*, *cinq*, *six*, *sept*, *huit*, *neuf*, *dix*.

Comme il aurait été fatigant pour la mémoire de retenir tous les nombres, si l'on eût donné, à chacun, un nom particulier, on est convenu d'établir un autre ordre d'unités après dix, et de compter par dizaines, comme on avait compté par unités : la réunion de deux dizaines a pris le nom de *vingt*, celle de trois, celui de *trente*, celle de quatre, celui de *quarante*, et l'on a dit successivement *cinquante*, *soixante*, *septante* ou *soixante-dix*, *octante* ou *quatre-vingts*, *nonante* ou *quatre-vingt-dix* et enfin *cent*.

Cent est devenu un autre genre d'unité, et l'on a dit deux cents, trois cents, quatre cents, jusqu'à neuf cent quatre-vingt-dix-neuf, nombre qui, augmenté d'une unité, a donné *mille*...

De mille pris pour unité on est arrivé à deux mille, à trois mille, à dix mille, à cent mille, à neuf cent quatre-vingt-dix-neuf mille ; en ajoutant une unité à ce dernier nombre, on a eu un *million* ou *milliard*, puis deux millions, trois millions, dix millions, cent millions, neuf cent quatre-vingt-dix-neuf millions, neuf cent quatre-vingt-dix-neuf mille, neuf cent quatre-vingt-dix-neuf, puis on a dit *billion*, *trillion*, *quatrillion*, *quintillion*...

9. Entre chaque dizaine on a successivement placé tous les nombres depuis un jusqu'à neuf, entre chaque centaine tous les nombres depuis un jusqu'à quatre-vingt-dix-neuf, entre chaque mille tous les nombres depuis un jusqu'à neuf cent quatre-vingt-dix-neuf, entre chaque million tous les nombres depuis un jusqu'à neuf cent quatre-vingt-dix-neuf mille neuf cent quatre-vingt-dix-neuf, et ainsi de suite pour les billions.

10. L'usage a prévalu de dire, au lieu de dix-un *onze*, de dix-deux *douze*, de dix-trois *treize*, de dix-quatre *quatorze*, de dix-cinq *quinze*, de dix-six *seize*; pour tous les autres nombres on

procède régulièrement et l'on dit : dix-sept, dix-huit, dix-neuf... vingt-un, vingt-deux... quarante-un... Si au lieu de se servir des mots septante, nonante, on emploie les mots soixante-dix, quatre-vingt-dix, on dit au lieu de septante-un, *soixante-onze*... et de nonante-un, *quatre-vingt-onze*, etc.

Entre cent et deux cents, on place successivement tous les nombres moindres que cent, et l'on dit : cent un, cent deux, cent quinze... En général, lorsqu'on arrive à un nom particulier, après cent, on répète tous les nombres antérieurs pour obtenir une fois de plus le nombre que ce nom représente.

11. Les nombres décimaux reposant sur la subdivision de dix en dix, on appelle la première subdivision *dixièmes*, la deuxième *centièmes*, la troisième *millièmes*, puis *dix-millièmes*, *cent-millièmes*, *millioniémes*, *dix-millioniémes*, *cent-millioniémes*, *billioniémes*...

NUMÉRATION ÉCRITE.

12. Dix caractères, appelés *chiffres*, suffisent pour représenter tous les nombres ; ce sont :

1, 2, 3, 4, 5, 6, 7, 8, 9, 0.

Qui s'énoncent :

Un, deux, trois, quatre, cinq, six, sept, huit, neuf, zéro.

Pour représenter dix, on est convenu que le chiffre 1 suivi de zéro reproduirait dix fois l'unité et que suivi de l'un des autres chiffres il représenterait toujours dix ; ainsi 17 représente dix-sept. Les autres chiffres, suivis d'un autre, représentent autant de dizaines qu'ils renferment d'unités ; ainsi 25 représente vingt-cinq, 46 exprime quarante-six.

13. Un chiffre, suivi de *deux* autres, exprime autant de centaines qu'il renferme d'unités ; ainsi 129 désigne cent vingt-neuf. S'il est suivi de *trois* chiffres, ses unités deviennent des mille, de *quatre* des dizaines de mille, de *cinq* des centaines de mille, de *six* des millions, de *sept* des dizaines de million, puis des centaines de million, des billions, des dizaines de billion...

14. Pour les nombres décimaux, on met une virgule après le chiffre des unités simples ; le *premier* chiffre à droite de la virgule représente les dixièmes, le *deuxième* les centièmes, puis viennent les millièmes, les dix-millièmes, les cent millièmes. Ainsi 26,7902 exprime vingt-six unités, sept dixièmes, neuf centièmes, deux dix-millièmes que l'on peut lire aussi de la manière suivante : vingt-six unités, sept mille neuf cent-deux dix-millièmes.

15. Pour lire un nombre écrit en chiffres, on

le partage par la pensée ou à l'aide de la virgule, en tranches de trois chiffres : la première tranche à droite, représente les unités, les dizaines et les centaines; la deuxième exprime les unités, les dizaines et les centaines de mille; la troisième les millions; la quatrième les billions...

16. Il peut arriver que la première tranche à gauche ne se compose que d'un ou de deux chiffres, mais alors elle ne représente que des unités ou des dizaines et des unités de l'ordre qu'indique le rang qu'elle occupe : ainsi 279650432 se lira 279 millions, 650 mille, 432 unités et 7008402, 7 millions, 8 mille, 402 unités.

17. Pour écrire les nombres, on commence par les ordres des unités les plus élevées et l'on termine par les unités simples; ainsi pour écrire quatre mille huit, on écrira d'abord 4, puis deux zéros et un 8.

S'il y a des quantités décimales, on écrit d'abord le chiffre des dixièmes après une virgule, puis celui des centièmes..., ainsi quatre unités, vingt-six millièmes, s'écrira 4,026.

En général, tout chiffre est autant de fois, dix fois plus fort, qu'il a de chiffres à sa suite, eu égard aux quantités que représente le dernier.

SIGNES ABRÉVIATIFS.

18. Afin de simplifier les calculs, on est convenu de faire usage des signes suivants :

+	qui signifie plus,	ainsi $5 + 4$	se lira	5 plus 4.
—	... moins,	.. $7 - 5$	..	7 moins 5.
×	... multiplié par,	.. 6×4	..	6 multiplié par 4.
=	... égale,	.. $2 \times 4 = 8$	..	2 × 4 égale 8.
:	... est à ou divisé par	.. $12 : 6$	..	12 divisé par 6.
::	... comme,	.. $8 : 2 :: 16 : 4$	..	8 est à 2 comme 16 est à 4.

Nota. Les quantités fractionnaires se représentent aussi des manières suivantes : $\frac{3}{4}$, $^4/_5$ qu'on lit trois quarts, quatre cinquièmes.

ADDITION.

19. L'addition est *une opération par laquelle on réunit divers nombres en un, qu'on nomme somme ou total* (1).

20. *Pour additionner des nombres entiers, on écrit ces nombres les uns au-dessous des autres, en plaçant les unités sous les unités, les dizaines sous les dizaines, les centaines sous les centaines... On tire un trait au-dessous et l'on ajoute d'abord tous les chiffres de la colonne des unités, en négligeant les zéros qui peuvent se présenter. Du nombre obtenu, on sépare les dizaines, s'il y en a, pour les porter, comme unités, sur la colonne des dizaines et l'on écrit les unités restantes au-dessous du trait, sous la colonne additionnée; s'il n'en restait pas, on placerait un zéro. On passe à la colonne des dizaines et l'on procède de la même manière, en ayant soin de retenir les dizaines de dizaines ou centaines pour les porter, comme unités, à la colonne des centaines. On continue*

(1) On ne peut additionner que des quantités de même genre, des francs avec des francs, des dizaines avec des dizaines, etc.

ainsi jusqu'à la dernière colonne dont on écrit le résultat tel qu'il se présente.

21. Soit à résoudre le problème suivant :

Une terre a produit 15 mesures de blé, une autre a rapporté 26 mesures ; combien les deux terres en ont-elles produit?

On écrit les deux nombres, et l'on dit : 5 et 6 font 11 ; en 11, il y a une unité que j'écris et une dizaine que je retiens pour la porter au rang des dizaines. Un de retenue et un font 2, 2 et 2 font 4 ; je pose 4. Les terres ont produit 41 mesures.

```
 15
 26
---
 41
```

22. Si les nombres à additionner étaient plus considérables et en plus grande quantité, la marche à suivre serait la même. Ainsi pour arriver à la solution du problème suivant :

Additionner 125, 7084, 9026 et 20340, qui tous représentent des francs.

On écrit d'abord les nombres, et l'on dit : 5 et 4 font 9, 9 et 6 font 15 ; en 15 je pose 5 et je retiens 1 ; 1 de retenue et 2 font 3, 3 et 8 font 11, 11 et 2 font 13, 13 et 4 font 17 ; en 17 je pose 7 et retiens 1 ; 1 et 1 font 2, 2 et 3 font 5 ; je pose 5 ; 7 et 9 font 16, je pose 6 et retiens 1, 1 et 2 font 3 ; je pose 3. La somme entière est de 36575 francs.

```
  125
 7084
 9026
20340
-----
36575
```

Autres Additions :

6780	796540	10000000
945	1208304	9728000
2683	7849	74892
98406	50216	276482000
108814	2062909	296284892
	112110	

Preuves.

23. Il y a trois manières de faire la preuve d'une addition. La première consiste à commencer l'addition des colonnes, de bas en haut, si l'opération première a été faite de haut en bas : si l'on arrive au même total, on en conclut qu'il n'y a pas d'erreur.

La deuxième se fait en additionnant séparément une partie des nombres et ensuite ceux qui restent ; on réunit les totaux obtenus et l'addition de ceux-ci doit donner le même résultat que l'addition de tous les nombres réunis, si l'opération a été bien faite.

La troisième, la plus concluante, s'opère en additionnant chaque colonne, à partir des plus hautes unités, et en retranchant, selon la méthode indiquée dans le n° 25, les sommes partielles que l'on obtient de la partie de la somme correspondante à chaque colonne. On doit trouver zéro à la fin si l'opération est exacte.

Ainsi dans la 1re addition du nº 22, on obtient le même résultat en additionnant de bas en haut.

Dans la 2e du même numéro, en additionnant 6780 et 945, on a 7725, puis 2683 et 98406, on a 101089; on réunit ces deux sommes et l'on a 108814.

Dans la 3e du même numéro, on dit : 1 ôté de 2, il reste 1 que l'on écrit au-dessous; 7 et 2 font 9, 9 ôtés de 10, nombre formé par le reste 1 et le zéro placé sous la colonne, il reste 1 que l'on écrit sous zéro; 9 et 5 font 14, 14 ôtés de 16, il reste 2; 6 et 8 font 14, 14 et 7 font 21, 21 ôtés de 22, il reste 1; 5 et 3 font 8, 8 et 8 font 16, 16 et 2 font 18, 18 ôtés de 19, il reste 1; 4 et 4 font 8, 8 et 1 font 9, 9 ôtés de 10, il reste 1; 4 et 9 font 13, 13 et 6 font 19, 19 ôtés de 19, il reste zéro.

SOUSTRACTION.

24. La soustraction est *une opération par laquelle on retranche un nombre d'un autre égal ou plus grand, pour avoir un troisième nombre appelé reste, excès ou différence.*

25. *Pour soustraire, on écrit le nombre égal ou plus petit au-dessous de l'autre, en plaçant les unités sous les unités, les dizaines sous les dizaines, les centaines sous les centaines... On tire un trait au-dessous, puis on retranche le chiffre inférieur des unités de son correspondant supérieur; on écrit les unités qui restent sous la colonne des unités et l'on passe à la colonne des dizaines pour procéder de la même manière.*

Si le chiffre inférieur est plus fort que son correspondant supérieur, il faut emprunter une unité au chiffre qui précède ce dernier, la reporter comme une dizaine sur ce même chiffre, puis retrancher; en compensation, on ajoute une unité au chiffre inférieur, qui suit.

26. Si l'on veut savoir combien un débiteur de 879 fr. doit encore, après avoir payé 347 (1) francs,

(1) Désormais, ce signe # accompagnera les nombres qui représenteront des francs, dans tout le cours de ce Traité.

on écrira d'abord 879 et au-dessous 347, et l'on dira : 7 ôtés de 9, il reste 2 (j'écris 2); 4 ôtés de 7, il reste 3 (j'écris 3); 3 ôtés de 8, il reste 5 (j'écris 5). La dette restante est de 532#.

```
 879
 347
----
 532
```

Lorsqu'il se présente des zéros et des chiffres inférieurs plus forts que les supérieurs correspondants, on raisonne ainsi qu'il a été dit précédemment. Soit à retrancher la somme de 98075# de 102460#, on écrit les nombres, et l'on dit : 5 de 10, il reste 5; 8 de 16, il reste 8; 1 de 4, il reste 3; 8 de 12, il reste 4; 10 de 10, il reste zéro; on n'écrit pas ce zéro, attendu qu'il est insignifiant, étant à la fin d'un nombre entier.

```
102460
 98075
------
  4385
```

Autres Soustractions.

```
762000      10000000     487236
 96450       9999999     390000
------      --------     ------
665550             1      97236
```

Preuves.

27: La preuve de la Soustraction se fait en additionnant les deux nombres inférieurs, c'est-à-dire le petit nombre et le reste : on doit obtenir le nombre supérieur, si l'opération est exacte.

En l'appliquant aux deux premières opérations du n° 26, on retrouve 879 et 102460.

Ces deux opérations sont donc exactes.

MULTIPLICATION.

28. La multiplication, ou addition abrégée, est *une opération par laquelle on répète un nombre appelé multiplicande autant de fois ou de parties de fois qu'il y a d'unités ou de parties d'unité dans un autre nombre appelé multiplicateur.*

29. Le résultat se nomme *produit;* le multiplicande et le multiplicateur, pris ensemble, sont appelés *facteurs du produit;* les divers résultats de tous les chiffres du multiplicande par chaque chiffre du multiplicateur se nomment *produits partiels.*

30. *Pour multiplier, on écrit le multiplicande et au-dessous de celui-ci, le multiplicateur. On souligne, puis on prend le chiffre des unités du multiplicateur par lequel on multiplie successivement chaque chiffre du multiplicande. On écrit les résultats à mesure qu'ils se présentent, en ayant soin de retenir toujours les dizaines qui peuvent y figurer, pour les porter, comme unités, sur le produit du chiffre suivant du multiplicande, par le chiffre des unités du multiplicateur. Quand on opère sur le dernier chiffre du multiplicande, o écrit le résultat tel qu'on l'obtient.*

On passe ensuite au chiffre des dizaines du multiplicateur, et l'on procède comme pour celui des unités, en ayant soin de placer le premier chiffre qui se présente au rang des dizaines, attendu que ce chiffre provenant d'un produit de dizaines par des unités, ne peut représenter que des dizaines.

Si le multiplicateur renferme d'autres chiffres, on procède de la même manière et l'on recule toujours d'un rang vers la gauche, le premier chiffre obtenu. Quand tous les produits partiels sont déterminés, il ne reste plus qu'à les additionner pour obtenir le produit total.

31. *Dans le cas où il se présenterait quelque zéro au multiplicande, on n'écrit que la retenue, s'il y en a, sinon, on place un zéro au produit partiel. Si les zéros figurent au multiplicateur, on les néglige et l'on recule le produit suivant d'un chiffre de plus. Quant aux zéros qui peuvent terminer l'un des facteurs ou les deux facteurs, on les néglige d'abord, mais on les ajoute à la fin du produit total, en nombre égal au nombre qu'il y en a dans chaque facteur.*

32. Pour multiplier deux chiffres, l'un par l'autre, il importe de connaître la table de Pythagore, où ce mathématicien a placé les chiffres et leurs produits de manière à trouver chaque résultat dans la case où la colonne verticale d'un

chiffre et la colonne horizontale de l'autre se correspondent.

Table de Pythagore.

1	2	3	4	5	6	7	8	9
2	4	6	8	10	12	14	16	18
3	6	9	12	15	18	21	24	27
4	8	12	16	20	24	28	32	36
5	10	15	20	25	30	35	40	45
6	12	18	24	30	36	42	48	54
7	14	21	28	35	42	49	56	63
8	16	24	32	40	48	56	64	72
9	18	27	36	45	54	63	72	81

Nota. On voit, en examinant les produits de cette table, que le résultat est le même, soit qu'on prenne pour multiplicateur le plus grand ou le plus petit nombre : 3 fois 4 et 4 fois 3 donnent également 12 pour produit.

33. Un marchand a acheté 436 mètres d'é-

toffe, au prix de 38# le mètre. Quelle somme a-t-il à payer ?

Pour résoudre ce problème, on écrit d'abord le multiplicande 436, et au-dessous le multiplicateur 38. Puis, on procède ainsi : 8 fois 6 font 48; en 48, il y a 8 unités et 4 dizaines; on pose les unités et l'on retient les 4 dizaines; 8 fois 3 font 24, 24 et 4 de retenue font 28; on pose 8 et l'on retient 2; 4 fois 8 font 32, 32 et 2 de retenue font 34; on pose 34. On passe au chiffre des dizaines du multiplicateur : 3 fois 6 font 18, je pose 8 au rang des dizaines, et je retiens 1; 3 fois 3 font 9 et 1 font 10, je pose zéro et retiens 1; 3 fois 4 font 12, 12 et 1 font 13, je pose 13. On additionne ensuite : 8, je pose 8, 8 et 8 ont 16, je pose 6 et retiens 1, 1 et 4 font 5, 3 et 3 font 6 et 1. Le marchand doit 16568#.

```
  436
   38
 ----
 3488
1308
-----
16568
```

Autres Multiplications :

```
    98064
     2607
---------
   686448
  588384
 196128
---------
255652848
```

```
 789654
      9
-------
7106886
```

```
   2400000
       980
----------
   192
  216
----------
2352000000
```

Preuves.

34. Il y a trois genres de preuve pour la multiplication :

Le premier consiste à mettre les deux facteurs à la place l'un de l'autre et à multiplier de nouveau. Le produit doit être identique au produit primitif, si l'opération est exacte.

Le deuxième, le plus concluant, se fait en divisant, comme on le verra n° 38, le produit total par l'un des facteurs; on doit retrouver l'autre facteur au quotient.

La troisième preuve, appelée *preuve par neuf*, consiste à recueillir successivement tous les chiffres de chaque facteur, à rejeter 9 à mesure que ce nombre se présente, à conserver chaque reste que l'on ajoute au chiffre suivant, et enfin à écrire le dernier reste de chacun des facteurs; on multiplie ces deux restes l'un par l'autre; on rejette les 9 s'il y en a, au produit, et l'on écrit encore le reste de ce produit qui doit être égal au reste que l'on obtient en procédant de la même manière à l'égard du produit total.

Soit le nombre 37409 multiplié par 248.

On trace d'abord deux traits qui se coupent dans les angles desquels on placera les chiffres, et l'on dit : 3 et 7 font 10, en 10 il y a 9 plus 1, 1 et 4 font 5, il reste 5, car le dernier 9 doit être rejeté, je place 5. Je passe au multiplicateur : 2 et 4 font 6, 6 et 8 font 14; en 14, il y a 9 plus 5; je pose 5 au-dessous du premier, et je dis : 5 fois 5 font 25; en 25, il y a 2 fois 9 plus 7; je pose 7 à gauche. En procédant de même à l'égard du produit, j'arrive à 7 pour reste; je l'écris à l'opposé du premier 7, et dès lors que ces deux chiffres collatéraux sont les mêmes, je conclus l'exactitude de l'opération première.

```
  37409
    248
-------
 299272
149636
74818
-------
9277432

    5
 7  X  7
    5
```

DIVISION.

36. La division, ou soustraction abrégée, est *une opération par laquelle on cherche un troisième nombre, indiquant combien de fois ou de parties de fois un deuxième est contenu dans le premier.*

Le premier nombre se nomme *dividende*, le deuxième *diviseur*, et le troisième *quotient*.

37. Pour effectuer une division, on écrit d'abord le dividende; on tire un petit trait vertical à la suite de celui-ci et de l'autre côté du trait on place le diviseur que l'on souligne afin de mettre le quotient au-dessous.

38. *On prend, au dividende, à partir de la gauche, autant de chiffres qu'il en faut pour contenir le diviseur. S'il y a plusieurs chiffres au diviseur, on néglige un nombre égal de chiffres à la fin de celui-ci et du dividende partiel; on ne considère que le premier ou les deux premiers chiffres du dividende en question, selon que l'on a un nombre égal de chiffres, des deux côtés, ou non. Le nombre de fois que le premier chiffre du diviseur est contenu dans le premier ou les deux premiers du dividende partiel, indique le premier chiffre du quotient; on écrit ce chiffre qui peut*

être néanmoins trop fort, dans le cas où la multiplication du diviseur par ce chiffre amènerait à un produit plus élevé que le dividende partiel; il faudrait alors le diminuer d'une ou de plusieurs unités, selon les circonstances, afin d'avoir un produit qui ne dépassât pas le dividende partiel. Cela fait, on retranche le produit du diviseur, par le chiffre obtenu du dividende partiel, et l'on écrit les restes au-dessous. A la suite des restes, on abaisse le chiffre suivant du dividende, et l'on opère sur ce nouveau dividende partiel comme sur le premier. On continue ainsi jusqu'à ce que tous les chiffres du dividende total soient successivement abaissés à côté des restes respectifs; le chiffre qui résulte du dernier reste est le dernier chiffre du quotient.

39. *Il n'est pas rare, dans une division quelconque, qu'il y ait un dernier reste résultant du dernier chiffre du quotient multiplié par le diviseur; ce reste est une fraction, c'est-à-dire une quantité qui doit être divisée par le diviseur. Il faut tenir compte de ce reste et le porter aux colonnes correspondantes lorsqu'on fait la preuve de la division par la multiplication.*

40. Sept personnes ont à se partager 252 #, combien chacune aura-t-elle?

Pour trouver le quotient en question, on écrit

le dividende 252, et à la droite le diviseur 7, puis on dit : en 252, combien de fois 7, ou plutôt en 25, nombre qui peut contenir le diviseur 7, combien de fois 7, il y est trois fois, je pose 3 au quotient sous le diviseur; puis en multipliant le diviseur par le quotient, je dis : 3 fois 7 font 21, 21 retranchés de 25, reste 4, à côté duquel j'abaisse 2; en 42, combien de fois 7, il y est 6 fois, je pose 6, et je dis : 6 fois 7 font 42, 42 ôtés de 42, reste zéro. Chaque personne aura 36 #.

```
252 | 7
 42 |---
  0 | 36
```

41. Quel est le quotient de 7894650 par 468?

```
7894650 | 468
3214    |------
 4066   | 16868
  3225
   4170
    426
```

On dit : en 789 combien de fois 468, ou en 7 combien de fois 4, en négligeant un nombre égal de chiffres des deux côtés; le premier chiffre du quotient est 1; on retranche chaque chiffre du quotient du dividende partiel; il reste 321; on abaisse 4, et l'on dit : en 32 combien de fois 4, il pourrait y être 8 fois, mais n'y est que 6 fois, on pose 6; on multiplie le diviseur par 6; on retranche à mesure du dividende partiel, et l'on a 406 pour reste; on abaisse 6, puis on dit : en 40 combien de fois 4, il pourrait y être 10 fois; mais il est aisé de reconnaître en multipliant le diviseur par 9, que 9 même serait trop fort, 4 n'y est donc réellement que 8 fois; on pose 8, on multiplie, on retranche, on abaisse 5 à côté du reste, et l'on dit : en 32 combien de fois 4, il y est 6 fois; on écrit 6; on multiplie, on retranche, on abaisse 0, et l'on dit : en 41 combien de fois 4, il y est 8 fois seulement; on écrit 8, on multiplie, il reste 426, et comme il n'y a plus de chiffres à abaisser, l'opération est terminée. Le quotient est 16868, plus $\frac{426}{468}$ (1).

Autres Divisions :

```
28021463120 | 7004            7490276 | 3040
0054631     |--------         14102   |------
  56022     | 4000780          19427  | 2463
   00000                        11876
                                 2756
```

42. *Remarque.* On ne doit jamais avoir un reste égal au diviseur ou plus grand que ce dernier, autrement, le chiffre du quotient serait trop faible. Lorsqu'il y a lieu de mettre zéro au quotient, c'est-à-dire, quand le dividende partiel augmenté du chiffre abaissé ne contient pas le diviseur, on pose ce zéro et l'on abaisse un autre chiffre au côté droit du dividende partiel. Il est indispensable de savoir aussi qu'en multipliant

---

(1) On pourrait écrire successivement, pour moins surcharger la mémoire, les produits du diviseur par chaque chiffre du quotient, au-dessous de chaque dividende partiel, et retrancher ensuite.

par les chiffres du quotient, il faut, pour retrancher à mesure du dividende partiel, emprunter les dizaines nécessaires sur le chiffre qui est à la gauche de celui sur lequel on opère, puis retenir ces dizaines comme des unités.

Preuves.

43. La preuve de la division se fait en multipliant le diviseur par le quotient. Cette opération doit ramener le dividende au produit, sinon, il y a erreur de calcul; s'il y a eu un reste lorsqu'on a terminé la division, ce reste doit être rapporté au produit et doit, conjointement avec ce dernier, reproduire le dividende.

On peut aussi faire la preuve d'une division, en prenant le quotient pour diviseur, et l'on obtient alors le diviseur pour quotient, si l'opération a été exacte.

Soit la division suivante dont on veut faire la preuve par la multiplication et par la division du dividende, en prenant le quotient pour diviseur :

1229028	8906	On aura	8906	et	1229028	138
33842	138		138		1250	8906
71248			71248		0828	
0000			26718		000	
			8906			
			1229028			

Nota. S'il y avait eu un reste, on l'aurait rapporté, unités sous unités, dizaines sous dizaines au produit.

SYSTÈME MÉTRIQUE.

44. Avant la révolution française de 1793, il y avait un grand nombre d'unités de mesure, inégalement subdivisées et variées selon les lieux; pour obvier aux inconvénients qui en résultaient, on eut enfin l'idée d'adopter une mesure unique, *le mètre*, de laquelle on pût faire dériver toutes les autres unités de mesure.

45. Le mètre n'a pas été arbitrairement fixé; il est basé sur la dimension du méridien terrestre que l'on a déterminée approximativement après de longues recherches, et en représente la 40 millionième partie.

46. Toutes les autres unités de mesure en dérivent; ainsi :

1°. L'*are*, unité de superficie, est un carré de 10 mètres de côté, et renferme 100 mètres carrés;

2°. Le *stère*, unité de volume, est un solide qui a un mètre carré sur sa base et sur ses quatre faces latérales; on l'appelle aussi *mètre cube;*

3°. Le *gramme*, unité de poids, est le poids d'un centimètre cube d'eau distillée, prise à son maximum de densité, c'est-à-dire à la température de 4 degrés du thermomètre centigrade;

4°. Le *litre*, unité de capacité, est le volume

contenu dans un vase dont la base et les quatre faces latérales sont un carré d'un décimètre de côté;

5°. Le *franc*, unité de monnaie, pèse cinq grammes, et, dérivant du gramme, dérive immédiatement du mètre.

47. On est convenu de procéder toujours de dix en dix, soit pour augmenter, soit pour diminuer, relativement à toutes les nouvelles mesures; c'est pour cela qu'on nomme le nouveau système *système décimal*. On l'appelle aussi *système métrique* à cause du mètre qui en est la base.

48. On désigne sous le nom de *multiples* les quantités de dix en dix fois plus grandes que l'unité, et on les exprime à l'aide de quatre mots tirés de la langue grecque; ces mots sont :

	Myria,	kilo,	hecto,	déca.
Qui signifie :	Dix mille,	mille,	cent,	dix.

On les incorpore aux mots qui désignent les unités de mesure.

49. On nomme *sous-multiples* les quantités de dix en dix fois plus petites que l'unité, et on les distingue par trois mots tirés de la langue latine : ce sont :

	Déci,	centi,	milli.
Qui signifie :	Dixième,	centième,	millième.

Ces trois mots s'incorporent aussi avec ceux des unités de mesure.

50. TABLEAU DE TOUS LES MULTIPLES ET LES SOUS-MULTIPLES.

MULTIPLES.				UNITÉ de MESURE.	SOUS-MULTIPLES.		
myriamètre, valeur : 10000 mètres.	kilomètre. 1000 mètres.	hectomètre. 100 mètres.	décamètre. 10 mètres.	mètre.	décimètre. valeur : dixième de mètre.	centimètre. centième de mètre.	millimètre. millième de mètre.
»	»	hectare. valeur : 100 ares.	»	are.	»	centiare. valeur : centième d'are.	»
»	»	»	décastère. valeur : 10 stères.	stère.	décistère. valeur : dixième de stère.	»	»
myriagramme. valeur : 10000 grammes.	kilogramme. 1000 grammes.	hectogramme. 100 grammes.	décagramme. 10 grammes.	gramme.	décigramme. valeur : dixième de gramme.	centigramme. centième de gramme.	milligramme. millième de gramme.
myrialitre. valeur : 10000 litres.	kilolitre. 1000 litres.	hectolitre. 100 litres.	décalitre. 10 litres.	litre.	décilitre. valeur : dixième de litre.	centilitre. centième de litre.	millilitre millième de litre.
»	»	»	»	franc.	décime. valeur : dixième de franc.	centime. centième de franc.	millime millième de franc.

MÉTIQUE

YSTÈME MÉTRIQUE

ET

, A CHAQUE

NOMBRES DÉCIMAUX.

OPÉRATIONS.

51. L'addition, la soustraction, la multiplication et la division des nombres décimaux, s'opèrent comme celles des nombres entiers, sauf quelques exceptions.

En écrivant ces nombres, il faut indiquer, si ce sont des nombres concrets, l'espèce des unités dont il s'agit, par la première lettre du mot qui les représente; ainsi 46 litres 75 centilitres, s'écriront $46^{l}\,75$ et 25 centimètres $0^{m}\,25$.

52. *Pour additionner, si les nombres ont la même quantité de chiffres décimaux, on les écrit les uns au-dessous des autres, de manière que les unités soient sous les unités, les dixièmes sous les dixièmes, les centièmes sous les centièmes... S'ils n'ont pas la même quantité de chiffres décimaux, on écrit les chiffres qui dépassent, à la suite des premiers.*

Dans le cours de l'addition, les retenues ont lieu comme à l'ordinaire : on doit abaisser la virgule au total, lorsqu'on arrive à la colonne où elle se trouve.

53. Un marchand a vendu 3 mètres 25 centimètres de drap, puis 5 mètres 75, puis 7 mètres 50 centimètres. Quel est le total?

3m	25
5	75
7	50
16	50

Quatre objets précieux pèsent, le premier 25 grammes; le deuxième 143 grammes 2 décigrammes; le troisième 70 grammes 492 milligrammes; le quatrième 7 grammes 3 centig... quel en est le poids total (1)?

25g	15
143	2
70	492
7	03
245	872

54. *Pour* soustraire, *on écrit les nombres décimaux l'un au-dessous de l'autre, en plaçant les*

(1) On peut prendre les kilos et les autres multiples, ainsi que les sous-multiples, comme des unités et opérer alors en considérant les quantités qui suivent, comme des quantités décimales.

unités sous les unités, les dixièmes sous les dixièmes... Si le nombre inférieur a plus de chiffres décimaux que le supérieur, on ajoute à celui-ci autant de zéros qu'il a de chiffres décimaux de moins; si le supérieur en a plus que l'inférieur, on écrit ce chiffre ou ces chiffres tels qu'ils sont, au résultat.

55. On a vendu 6974 ares 24 centiares d'une propriété composée de 7802 ares 36 centiares. Que reste-t-il au propriétaire?

	7802ª	36
	6974	24
Il reste	828	12

Quelle sera la différence, si l'on retranche 1370 grammes 789 milligrammes, de 2098 grammes 3 décigrammes?

	2098ᵍ	300
	1370	789
Différence	727	511

56. *La* multiplication *des nombres décimaux ne diffère de celle des nombres entiers, qu'en ce qui concerne le placement de la virgule au produit : celle-ci doit séparer des unités, autant de chiffres décimaux qu'il y en a dans chacun des deux facteurs.*

Soit à multiplier 436,007 par 24,15 et 798,7306 par 7,8.

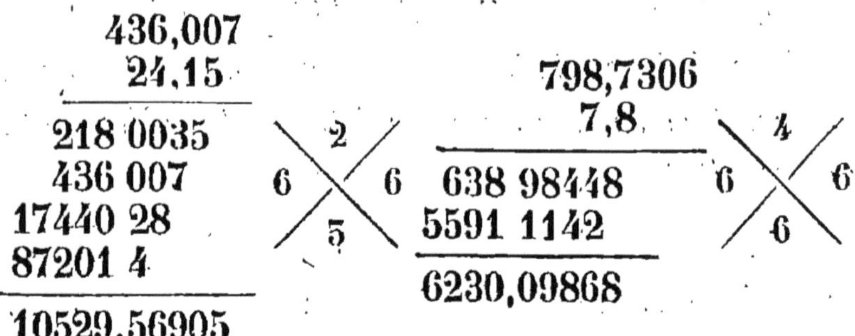

57. *Dans la* division *des nombres décimaux, s'il y a au dividende et au diviseur, le même nombre de chiffres décimaux, le quotient ne représente que des unités. Dans les cas contraires, on complète le dividende par des zéros, si c'est ce nombre qui a moins de chiffres décimaux, ou bien, lorsque c'est le diviseur qui en a le moins, on sépare au quotient autant de chiffres décimaux que le dividende en a de plus.*

Quels seront les quotients de 347,25 par 46,28, de 27,8 par 12,75 et de 476,975 par 4,26 ?

347,25	46,28	27,80	12,75	476,975	4,26
23 29	7	2 30	2	50 9	111,9
				8 37	
				4 115	
				281	

APPROXIMATION DES QUOTIENTS PAR LES DÉCIMALES.

58. Si l'on veut obtenir des chiffres décimaux au quotient, afin de préciser les quantités contenues dans les restes et arriver à un nombre de quantités *décimales* donné, on ajoute successivement un zéro à chaque reste et l'on poursuit la division; ainsi en poursuivant jusqu'au chiffre des millièmes les deux problèmes précédents on aura :

347,25	46,28	27,80	12,75
23 290	7,503	2 300	2,180
15000		1 0250	
1116		500	

59. *Remarques*. Si les nombres décimaux sont énoncés de manière que, dans les uns, on prenne pour unité un multiple et dans les autres un autre multiple, il faut disposer les opérations de manière à ramener chaque nombre au même multiple. On procéderait de la même manière relativement à divers sous-multiples pris pour unités et l'on ferait correspondre les quantités de même espèce.

CHIFFRES ROMAINS.

60. Les Romains représentaient les nombres à l'aide des sept lettres suivantes :

I V X L C D M.

Qui signifient :

1, 5, 10, 50, 100, 500, 1000.

61. Pour exprimer des nombres mille fois plus grands, ils plaçaient un trait sur chaque lettre, de cette manière :

$\overline{I}$ $\overline{V}$ $\overline{X}$ $\overline{L}$ $\overline{C}$ $\overline{D}$ $\overline{M}$.

Et désignaient :

1000, 5000, 10000, 50000, 100000, 500000, 1000000.

Ils surmontaient chaque lettre de deux traits pour obtenir les millions. Ainsi, $\overline{\overline{I}}$ représentait 1000000... $\overline{\overline{V}}$, 5000000.

Ils ne répétaient pas, ordinairement, plus de trois fois de suite la même lettre.

62. Dans cette manière d'exprimer les nombres, toute lettre, moindre que celle qui suit, se retranche. Ainsi, IV exprime 4, tandis que VI exprime 6, XL exprime 40, et LX 60. CD exprime 400, et $\overline{DC}$ 600000.

On se sert encore parfois des chiffres romains pour les préfaces de certains ouvrages, et pour les dates que l'on grave sur des édifices ou des objets d'art.

Voici quelques nombres romains :

I,	II,	III,	IV,	V,	VI,	VII,	VIII,	IX,	X,	XI,
1	2	3	4	5	6	7	8	9	10	11

XII,	XIII,	XIV,	XV,	XVI,	XVII,	XVIII,	XIX,
12	13	14	15	16	17	18	19

XX,	DL,	DCCC,	CM,	IM,	$\overline{\text{MM}}$,	$\overline{\overline{\text{MMD}}}$.
20	550	800	900	999	2000	2500000000.

MÉTIQUE

SYSTÈME MÉTRIQUE

ET

COMMUN DIVISEUR.

65. Lorsqu'une fraction se compose de termes susceptibles d'être réduits (1) à une plus simple expression, on cherche le nombre qui divise les deux termes en divisant le grand terme par le plus petit. Si le premier diviseur donne un quotient sans reste, c'est ce diviseur qui est le commun diviseur des deux termes, et alors il devient l'unité ; dans le cas contraire, on poursuit l'opération en prenant le diviseur pour dividende et le reste obtenu pour diviseur. On continue ainsi jusqu'à ce qu'on arrive à un quotient exact. Si l'on doit avoir l'unité pour dernier diviseur, on reconnaît que les deux termes n'ont pas de commun diviseur ; soient les deux fractions suivantes où la première seule offre un commun diviseur :

1°. $\frac{18}{36}$ on aura 36 | 18 (quotient 2)

En divisant par 18, on a $\frac{1}{2}$

2°. $\frac{35}{45}$

		1	2	1	1	2
	45	35	12	7	5	2
	12	7	5	2	1	

66. Lorsqu'une expression fractionnaire doit

(1) Les fractions ne changent pas si l'on multiplie ou divise les termes par un même nombre.

être séparée des entiers qu'elle peut contenir, on obtient ces entiers en divisant le numérateur de l'expression en question par le dénominateur.

Soit : $\frac{9}{4}$ on aura $\begin{array}{l|l} 9 & 4 \\ \cline{2-2} 1 & 2 \end{array} = 2 + \frac{1}{4}$.

67. S'il y a lieu de mettre des entiers et une fraction en une seule expression fractionnaire, on multiplie les entiers par le dénominateur ; on ajoute au produit le numérateur et l'on donne au total le dénominateur de la fraction.

Ainsi : $7 \times \frac{4}{5}$ deviennent $\frac{39}{5}$.

RÉDUCTION DES FRACTIONS AU MÊME DÉNOMINATEUR.

68. On a souvent, dans les opérations, à ramener les fractions au *même dénominateur*. Lorsqu'il ne se présente que deux fractions, on multiplie, pour arriver à ce but, les deux termes de la première par le dénominateur de la seconde, et les deux termes de la seconde par le dénominateur de la première.

Ainsi : $\frac{4}{5} \times \frac{3}{7}$ deviennent $\frac{28}{35} \times \frac{15}{35}$.

Lorsqu'il y a plus de deux fractions à réduire, on multiplie successivement les deux termes de chaque fraction par le produit des dénominateurs de toutes les autres.

Ainsi : $\frac{1}{2}\ \frac{2}{3}\ \frac{3}{4}\ \frac{6}{11}$ deviennent $\frac{132}{264}\ \frac{176}{264}\ \frac{192}{264}\ \frac{144}{264}$.

69. Si le plus grand dénominateur était un multiple des autres, on abrégerait les calculs en ramenant celles-ci à ce dénominateur; il faudrait, pour cela, multiplier les deux termes de chaque fraction par le nombre qui donnerait ce dénominateur.

Ainsi : $\frac{1}{2}\frac{2}{3}\frac{5}{6}\frac{8}{12}\frac{25}{36}$ deviendraient $\frac{18}{36}\frac{24}{36}\frac{30}{36}\frac{24}{36}\frac{25}{36}$.

ADDITION.

70. Lorsque les fractions ont le même dénominateur, on additionne les numérateurs et l'on donne à la somme le dénominateur commun.

Ainsi : $\frac{4}{7}+\frac{3}{7}+\frac{1}{7}=\frac{8}{7}=1+\frac{1}{7}$.

Si les fractions n'ont pas le même dénominateur, il faut les y réduire; puis on additionne les numérateurs.

Ainsi : $\frac{2}{3}+\frac{3}{4}+\frac{5}{6}=\frac{48}{72}+\frac{54}{72}+\frac{60}{72}=\frac{162}{72}=2+\frac{1}{4}$.

Et $\frac{1}{2}+\frac{2}{3}=\frac{3}{6}+\frac{4}{6}=\frac{7}{6}=1+\frac{1}{6}$.

71. S'il se présente des unités jointes aux fractions, on les additionne séparément, et l'on ajoute à la somme les unités que peuvent fournir les fractions.

Un marchand a vendu 3 mètres et demi de drap, puis 7 mètres trois quarts : combien a-t-il vendu de drap en tout?

On dit : 3 et 7 font 10. Les fractions $\frac{1}{2}$ et $\frac{3}{4}$ donnent $\frac{4}{8}+\frac{6}{8}$ ou $\frac{10}{8}=1+\frac{2}{8}=1+\frac{1}{4}$. 10 et 1 font 11. Il a donc vendu 11 mètres et $\frac{1}{4}$ de mètre.

SOUSTRACTION.

72. La soustraction consiste à retrancher le petit numérateur du grand, et à donner au reste le dénominateur commun, lorsque les fractions ont le même dénominateur ; si elles ne l'ont pas, on doit les y réduire.

Ainsi : $\frac{7}{9}-\frac{5}{9}=\frac{2}{9}$ et $\frac{8}{11}-\frac{5}{16}=\frac{128}{176}-\frac{55}{176}=\frac{73}{176}$.

73. Lorsque des unités sont annexées aux fractions, on retranche le petit nombre du grand; mais si la fraction à retrancher est plus considérable que l'autre, on prend une unité au grand nombre, et on la transforme en autant de parties qu'en indique le dénominateur de la fraction trop faible, puis on ajoute ces parties au numérateur de cette même fraction : la soustraction s'opère alors comme il a été dit au nº 72.

Il est évident qu'alors le nombre auquel on a pris une unité a diminué de cette unité.

Un commerçant avait 5 mètres et $\frac{1}{4}$ d'une pièce d'étoffe ; il en a vendu 2 mètres et $\frac{2}{3}$. Combien lui en reste-t-il ?

$$5^m\frac{1}{4}-2^m\frac{2}{3}=4^m\frac{5}{4}-2^m\frac{2}{3}=4^m\frac{15}{12}-2^m\frac{8}{12}=2^m+\frac{7}{12}$$

MULTIPLICATION.

74. Lorsqu'on a à multiplier diverses fractions, on multiplie numérateur par numérateur, et dénominateur par dénominateur.

Ainsi : $\frac{4}{5} \times \frac{6}{7} = \frac{24}{35}$ et $\frac{1}{2} \times \frac{2}{3} \times \frac{4}{7} = \frac{8}{42} = \frac{4}{21}$.

Si des unités sont jointes aux fractions, on incorpore ces unités aux fractions respectives qui les accompagnent, ainsi qu'il a été dit nº 67.

Ainsi : $6\frac{2}{3} \times 4\frac{1}{2} = \frac{20}{3} \times \frac{9}{2} = \frac{180}{6} = \frac{60}{2} = 30$.

DIVISION.

75. Pour diviser deux fractions l'une par l'autre, on renverse les termes de la fraction diviseur et l'on multiplie numérateur par numérateur, dénominateur par dénominateur, comme s'il s'agissait de multiplication.

Ainsi : $\frac{6}{7} : \frac{4}{5} = \frac{6}{7} \times \frac{5}{4} = \frac{30}{28} = 1 + \frac{1}{14}$

Quand des unités sont inhérentes aux fractions, on introduit ces unités dans les fractions. (Voir le nº 67.)

Ainsi : $8\frac{3}{4} : 2\frac{5}{6} = \frac{35}{4} : \frac{17}{6} = \frac{35}{4} \times \frac{6}{17} = \frac{210}{68} = 3 + \frac{3}{34}$

76. *Remarque.* Si l'on voulait transformer des fractions ordinaires en fractions décimales, on

diviserait le numérateur par le dénominateur ; dans le cas inverse, on écrirait la quantité décimale et, après avoir souligné, on écrirait l'unité suivie d'autant de zèros qu'il y a de chiffres décimaux dans la fraction décimale, au-dessous du trait.

Ainsi : $\frac{2}{3}$ donnerait
$$\begin{array}{r|l} 2 & 3 \\ \cline{2-2} 20 & 0{,}66 \\ 20 & \end{array}$$
à un centième près

et 0,023 donnerait $\frac{23}{1000}$

APPLICATION DES QUATRE RÈGLES.

77. Le tiers et le cinquième d'un nombre donnent 16. Quel est ce nombre ?

Ajoutons les fractions $\frac{1}{3}$ et $\frac{1}{5}$ nous avons $\frac{5}{15}$ et $\frac{3}{15}$ ou $\frac{8}{15}$, les $\frac{8}{15}$ étant 16, un quinzième sera le huitième de 16 ou 2, les $\frac{15}{15}$ seront 30.

Une personne a fait des acquisitions pour la moitié de l'argent qu'elle possède ; elle achète pour le tiers de ce qui lui reste et n'a plus que 40#. Combien avait-elle?

Le tiers de la moitié est un sixième du total ; un sixième et une demie font 4 sixièmes : les deux autres sixièmes étant 40#, le tout est 3 fois 40 ou 120#.

Les deux tiers d'un nombre donnent 210, lorsqu'on en a retranché un cinquième. Quel est ce nombre ?

Retranchons un cinquième de deux tiers, nous aurons $\frac{7}{15}$. Comme cette fraction égale 210, divisons ce dernier nombre par 7 pour avoir la valeur d'un quinzième ; le quotient sera 30, les $\frac{15}{15}$ seront 15×30 ou 450.

Un kilogramme de sucre coûte 1#60 : combien coûteront 15 kilogrammes et deux cinquièmes ?

Le kilogramme coûtant 1#60, 15 kil. et $\frac{2}{5}$ coûteront 15 fois et $\frac{2}{5}$ de fois plus. Il s'agit de multiplier 1#60 par $15\frac{2}{5}$ ou par $\frac{77}{5}$. On aura $\frac{123,20}{5}$ ou 24#64.

On a vendu les $\frac{7}{9}$ d'une pièce d'étoffe et il en reste 25 mètres. Combien cette pièce contenait-elle de mètres ?

Divisons 25 par $\frac{2}{9}$, nous aurons $\frac{225}{2}$ ou 112m 50.

DIVISIBILITÉ DES NOMBRES.

78. Tout nombre est divisible par 2, s'il est terminé par 2, 4, 6 ou zéro.

12, 36, 78, 94, 120 sont divisibles exactement par deux.

Tout nombre est divisible par 5, si son dernier chiffre est 5 ou zéro.

15, 60... sont divisibles par 5.

3 divise tous les nombres, dont la somme des chiffres est divisible par 3.

78912 est divisible par 3.

4 divise tous les nombres, dont les deux derniers chiffres sont divisibles par 4.

7624 est divisible par 4.

On reconnaît qu'un nombre est divisible par 9, si la somme de ses chiffres est divisible par 9.

347868 est divisible par 9.

On peut diviser par 11 tout nombre où la soustraction des sommes faites des chiffres de rang pair et de ceux de rang impair, donne pour reste zéro ou le nombre 11.

8560563 est divisible par 11.

On nomme premiers entre eux des nombres qui n'ont pas de commun diviseur.

PUISSANCES ET RACINES.

79. On appelle *puissance d'un nombre* le produit de ce nombre multiplié par lui-même. S'il est pris deux fois comme facteur, le produit se nomme *carré;* s'il l'est trois fois, on le nomme *cube;* s'il l'est quatre fois, c'est la quatrième puissance, puis la cinquième, la sixième, etc.

4 est le carré de 2; 16 est le carré de 4; 8 est le cube de 2; 27 est le cube de 3; 64 est la sixième puissance de 2.

80. La *racine carrée* d'un nombre est le nombre qui, multiplié par lui-même, a donné le carré.

La *racine cubique* est le nombre qui, pris trois fois comme facteur, a donné le cube.

2 est la racine carrée de 4; 17 est celle de 289.

3 est la racine cubique de 27; 15 est celle de 3375.

81. Le carré d'un nombre, renfermant des dizaines et des unités, se compose nécessairement du carré des dizaines, du double produit des dizaines par les unités, et du carré des unités.

Carré de 35	
35	Carré des dizaines ne renfermant que des centaines. 9
175	Double produit des dizaines par les unités. 30
105	Carré des unités. 25
1225	1225

82. Le cube d'un nombre, renfermant des dizaines et des unités, se compose du cube des dizaines, du triple produit du carré des dizaines par les unités, du triple produit du carré des unités par les dizaines et du cube des unités.

Cube de 27	
27	
189	
54	
729	
27	
5103	
1458	
19683	

Cube des dizaines, composé d'unités de mille................	8
Triple carré des dizaines par les unités..............	84
Triple carré des unités par les dizaines...............	294
Cube des unités...........	343
	19683

ECRITURE DES CARRÉS ET DES CUBES DÉCIMAUX.

83. Lorsque les carrés renferment des quantités décimales, on ne peut les exprimer qu'en consacrant deux chiffres décimaux à chaque sous-multiple. Ainsi : trois mètres carrés, vingt-quatre décimètres carrés, s'écriront $3^{\text{m. car.}}$ 24 et quinze mètres carrés, deux centimètres carrés, trente six millimètres carrés, s'écriront $15^{\text{m. car.}}$ 000236.

84. Si les cubes comprennent des quantités décimales, on donne trois chiffres décimaux à chaque sous-multiple. Ainsi : douze mètres cubes, deux cent trente-quatre décimètres cubes se re-

présenteront par 12$^{m. cub.}$ 234 et sept mètres cubes, deux décimètres cubes, huit millimètres cubes, par 7$^{m. cub.}$ 002000008.

EXTRACTION DE LA RACINE CARRÉE.

85. *Pour extraire la racine carrée d'un nombre, on le partage en tranches de deux chiffres, à partir de la droite : la dernière tranche à gauche pourra n'avoir qu'un seul chiffre, mais alors on opère sur ce seul chiffre tel qu'il est. On extrait la racine carrée de la première tranche à gauche en examinant quel chiffre, multiplié par lui-même, a le plus approché du nombre que renferme cette tranche sans le dépasser : le chiffre qui se présente est le premier de la racine; on l'écrit comme un diviseur à la suite du carré. On forme le carré de ce chiffre et l'on en retranche le produit, de la première tranche au-dessous de laquelle on écrit le reste qui se présente ; puis on abaisse la tranche suivante, à côté du reste; du nombre que donnent le reste et la tranche abaissée, on retranche, par la pensée, le dernier chiffre : on divise ce qui reste par le double du chiffre obtenu à la racine : le chiffre qui s'offre, pour quotient, peut être trop fort; on reconnaît s'il en est ainsi, en écrivant ce chiffre à côté du double du premier chiffre et en multipliant le tout par le chiffre en question; s'il*

donne un produit qu'on ne puisse retrancher de la tranche partielle, on le diminue jusqu'à ce que le chiffre qu'on adopte, se multipliant lui-même et le double du chiffre déjà obtenu, donne un nombre susceptible d'être retranché de la tranche partielle; cela terminé, on abaisse une autre tranche, et l'on continue ainsi jusqu'à ce qu'on les ait toutes épuisées.

Il peut arriver que le carré en question n'ait pas une racine exacte, c'est-à-dire sans *reste*. On peut l'évaluer, en décimales, en ajoutant 2 zéros pour chaque chiffre que l'on veut obtenir.

Soit à extraire la racine carrée des nombres :

13,0 3,2 1	361	et 78,4 00 0	885
4 0,3	66 — 721	14 4,0	168 — 1765
7 2,1		9 60,0	
0		77 5	

86. Pour élever des fractions au carré, on forme le carré du numérateur, puis celui du dénominateur; s'il s'agit d'extraire la racine, on l'extrait successivement de deux mêmes termes.

La racine de $\frac{25}{36}$ est $\frac{5}{6}$. Le carré de $\frac{2}{3}$ est $\frac{4}{9}$.

Pour faire la preuve, dans les nombres entiers, il n'y a qu'à élever au carré les racines et ajouter les restes.

EXTRACTION DE LA RACINE CUBIQUE.

87. *Pour extraire la racine cubique d'un nombre qui renferme des dizaines et des unités, on forme des tranches de trois chiffres à partir de la droite : la dernière tranche à gauche peut n'avoir qu'un ou deux chiffres. On extrait de cette dernière tranche le chiffre qui, élevé au cube, approche le plus du nombre que forme cette tranche, sans le dépasser, et l'on écrit ce chiffre comme un diviseur à la suite du cube total. On cube ce chiffre et l'on en retranche le résultat, de la première tranche, au-dessous de laquelle on écrit le reste qui se présente. A côté de ce reste, on abaisse la tranche suivante; des trois chiffres abaissés à la suite du reste on supprime, par la pensée, les deux derniers; on divise le nombre qui reste par le triple carré du chiffre obtenu à la racine, et le quotient donne le chiffre suivant de la racine ou un chiffre trop fort; on éprouve ce chiffre, et si, en cubant le nombre formé par les deux chiffres obtenus, on a un produit susceptible d'être soustrait des deux premières tranches à gauche du cube total, on est sûr d'avoir le chiffre exact : la soustraction faite, on abaisse les trois chiffres suivants du cube total; on sépare encore les deux derniers chiffres, on divise le nombre restant par le triple carré des*

chiffres obtenus à la racine; le quotient indique un troisième chiffre de la racine. On continue ainsi tant qu'il y a des tranches à abaisser.

Il peut arriver, ainsi que pour la racine carrée, que la racine cubique ne soit pas parfaitement exacte, c'est-à-dire sans *reste;* on l'évalue, si l'on veut, en décimales, en ajoutant 3 zéros pour chaque chiffre qu'on désire.

Soit à extraire la racine cubique des nombres :

1°. 76,0 0,99,67	423	42	423
12 0,0 9	48	42	423
74 0,8 8		84	1269
1 9 2 19,67		168	846
75 6 8 69 67		1764	1692
3 2 30 00		42	178929
		3528	423
		7056	536787
		74088	357858
			715716
			75686967

La racine approchée est 423. Si l'on ajoutait une unité à 423, on aurait un nombre qui, élevé au cube, dépasserait le cube total, et, en ajoutant le reste au cube de 423, on obtient exactement le cube primitif.

2°. 1,2 42,2 96,875 | 1075
0 2,42 2,96 |
17 2 53 875 | 3—1000—300

Preuve 1075
1075
5375
7525
1075
1155625
1075
5778125
8089375
1155625
1242296875

Triple carré 107
107
749
107
11449
3
34347

Cube 11449
107
80143
11449
1225043

Cube parfait ou sans reste 1242296875

88. Si l'on avait à élever des fractions au cube, on ferait le cube de chacun des termes, et s'il s'agissait d'extraire la racine cubique de nombres fractionnaires, on extrairait successivement la racine cubique de chacun des deux termes.

89. Lorsqu'on veut obtenir des chiffres décimaux à une racine, on procède ainsi que dans l'exemple suivant où la racine cubique de 26 est poussée jusqu'aux centièmes, en ajoutant autant de fois 3 zéros qu'on veut avoir de chiffres décimaux.

26,0 00,000 | 2,96
18 0,00 | 8
25 9 34 236 |
Reste 0 65 764

Triple carré de 29 : 2523

Cube de 296 : 25934236

RAPPORTS ET PROPORTIONS.

90. On appelle rapport, la différence de deux nombres, ou le quotient d'un nombre par un autre : le premier genre se nomme *arithmétique*, le second *géométrique*. Le rapport arithmétique de 24 à 15 est 9; le rapport géométrique de 18 à 6 est 3.

91. On entend par proportion, *la réunion de deux rapports égaux*. Les proportions adoptent, selon les circonstances, les mêmes noms que les deux genres de rapport. Le premier et le dernier terme d'une proportion sont appelés *extrêmes;* les deux autres sont les *moyens*. Le premier terme d'un rapport se nomme *antécédent*, le second *conséquent*.

92. Dans une porportion arithmétique, la somme des extrêmes est égale à celle des moyens; dans la proportion géométrique, le produit des extrêmes est égal à celui des moyens; la proportion arithmétique s'écrit ainsi : 7 . 9 : 12 . 14 et s'énonce sept est à neuf comme douze est à quatorze; la proportion géométrique s'écrit ainsi

qu'il suit : 16 : 4 : : 48 : 12 et s'énonce 16 est à 4 comme 48 est à 12.

93. Lorsque dans une proportion géométrique, l'un des quatre termes est *inconnu*, la propriété de l'égalité du produit des extrêmes et de celui des moyens, indique comment on peut trouver ce terme. Si c'est un extrême qui est inconnu, il faut multiplier les deux moyens et diviser le produit par l'extrême connu ; si c'est un moyen qui est inconnu, on multiplie les extrêmes et l'on divise le produit par le moyen connu.

Soit $12 : 3 :: 36 : x$, on aura l'inconnu $x = \frac{36 \times 3}{12} = \frac{108}{12} = 9$

On appelle *équation*, l'expression de l'égalité de deux quantités.

RÈGLES DE TROIS.

94. La règle de *trois*, consiste à *trouver le quatrième terme d'une proportion donnée, les trois autres étant connus.*

Il y a plusieurs genres de règles de trois, les principaux sont : la *règle de trois* proprement dite, la *règle de société*, la *règle d'intérêt*, la *règle d'escompte*, la *règle d'échange* et *celle de mélange.*

Dans toute proportion de règle de trois, on appelle *principales*, les deux quantités homogènes connues, et *relatives* celles dont l'une est inconnue.

95. La règle de *trois* est *directe* ou *inverse*, directe si les quantités principales augmentant, les relatives augmentent, ou si, celles-là diminuant, celles-ci diminuent; dans tout autre cas, elle est inverse.

96. Lorsque la règle de trois est directe, on pose la proportion ainsi qu'il suit : la première principale est à la seconde, comme la première relative est à l'inconnue; quand la règle est inverse, la proportion devient : la seconde principale

est à la première, comme la première relative est à l'inconnue.

97. *Règle de trois directe :* Un canal de 15 mèt. a été creusé en trois jours : combien faudra-t-il de jours pour creuser 95 m. du même ouvrage?

$$15 : 95 :: 3 : x$$

D'où $x = \frac{95 \times 3}{15} = 19$ Plus il y aura de mètres, plus il faudra de jours.

Règle de trois inverse : 75 ouvriers ont mis 36 heures pour un travail : combien mettront d'heures 208 ouvriers pour un semblable travail?

Plus il y aura d'ouvriers, moins il faudra d'heures.

$$208 : 75 :: 36 : x$$

D'où $x = \frac{75 \times 36}{208} = \frac{2700}{208} = 12 \text{ heures} + \frac{51}{52}.$

98. Lorsque la règle de *trois* ne renferme qu'une seule proportion, on l'appelle règle de trois *simple ;* mais quand elle en compte plusieurs, elle est nommée règle de trois *composée.*

Règle de trois composée : 7 ouvriers, travaillant pendant 35 jours et 12 heures par jour, ont fait 95 mètres d'une route : combien 15 ouvriers, travaillant pendant 23 jours et 8 heures par jour, en feront-ils?

Il y a à établir trois proportions, l'une pour les ouvriers et les mètres, la deuxième pour les heures et les mètres, la troisième pour les jours et les mètres :

1re $7 : 15 :: 95 : x$
2e $12 : 8 :: 95 : x$
3e $35 : 23 :: 95 : x$

On réduit ces proportions à une seule en multipliant les termes correspondants les uns par les autres, excepté les 2 derniers qui sont les mêmes,

et l'on a $2940 : 2760 :: 95 : x$

$$\text{D'où } x = \frac{2760 \times 95}{2940} = \frac{262200}{2940} = 89^{m} + \frac{27}{147}.$$

99. *Règle de trois composée à proportions inverses :* Il a fallu 230 planches de 4 mètres de longueur sur 18 centimètres de largeur pour planchéier une maison : combien en faudra-t-il de 3 mètres de longueur sur 33 centimètres de largeur, pour une construction semblable?

1re $3 : 4 :: 230 : x$
2e $33 : 18 :: 230 : x$

$99 : 72 :: 230 : x$

$$\text{D'où } x = \frac{230 \times 72}{99} = \frac{16560}{99} = 167 \text{ planches} + \frac{3}{11}.$$

MÉTHODE DE L'UNITÉ.

100. On pourrait résoudre les questions relatives aux règles de trois, par le raisonnement, en ramenant à l'*unité*.

Soit le problème suivant : 16 ouvriers ont travaillé 98 jours pour un ouvrage : combien faudra-t-il de jours à 27 ouvriers pour un même travail?

Si 16 ouvriers ont mis 98 jours, un ouvrier aurait mis 16×98 jours. 27 ouvriers mettront 27 fois moins de jours, ou $\frac{16 \times 98}{27}$, c'est-à-dire 58 j. $+ \frac{2}{27}$ de jours.

Autre problème : 6 ouvriers travaillant 9 heures par jour, pendant 10 jours, ont fait 1620 mètres d'ouvrage : combien 4 ouvriers, travaillant 10 heures par jour, pendant 15 jours, feront-ils du même ouvrage ?

On dit : 6 ouvriers travaillant 9 heures, pendant 10 jours, font 1620 mètres; un ouvrier fait donc, en ce même temps.... $\frac{1620}{6}$

4 ouvriers, en ce même temps, en feront 4 fois plus, ou... $\frac{1620 \times 4}{6}$

Les 4 ouvriers, ne travaillant qu'une heure, font 9 fois moins $\frac{1620 \times 4}{6 \times 9}$

Les 4 ouvriers, travaillant 10 heures, font 10 fois plus... $\frac{1620 \times 4 \times 10}{6 \times 9}$

Les 4 ouvriers, en un jour, font 10 fois moins.......... $\frac{1620 \times 4 \times 10}{6 \times 9 \times 10}$

Les 4 ouvriers, en 15 jours, font 15 fois plus.......... $\frac{1620 \times 4 \times 10 \times 15}{6 \times 9 \times 10}$

Les 4 ouvriers, en 10 heures par jour et quinze jours de travail, feront 1800 mètres.

RÈGLE DE SOCIÉTÉ.

101. La règle de société a pour but de *préciser, entre plusieurs associés, la perte ou le gain qui résulte de leur mise respective dans un commerce* (1).

Les dépôts divers peuvent avoir lieu durant le même temps ou non : de là, deux sortes de règles de société, la *simple* et la *composée*.

102. La mise totale des associés est au bénéfice ou à la perte, comme la mise de chaque associé est à sa part de bénéfice ou de perte.

103. *Règle de société simple :* 4 négociants ont mis, en commun, le 1er 750#, le 2e 990#, le 3e 1275#, le 4e 1725#. Ils ont 3640# de bénéfice. Quelle est la part réversible sur chacun?

On fait la somme des mises :

$$\begin{array}{r} 750 \\ 990 \\ 1275 \\ 1725 \\ \hline 4740 \end{array}$$

et l'on a la proportion 4740 : 3640 : : une mise : x.

---

(1) Cette règle s'applique aussi à toute répartition entre diverses personnes, d'une manière proportionnelle; elle peut avoir pour but l'impôt, un héritage, etc.

En opérant d'abord pour la première mise, on multiplie 3640 par 750 et l'on divise le produit par 4740.

```
 3640
  750
 ----
 1820
2548
-------
2730000 | 4740
 3600   |------
  2820  | 575,94
   4500
    2340
     444
```

On substitue la 2e mise à la 1re dans la même proportion, puis successivement les deux autres, et l'on obtient $4740 : 3640 :: 990 : x$

```
2e Mise. 3640
          990
         ----
         3276
        3276
        --------
        36036,00 | 4740
         2856    |------
           12 00 | 760,25
            2 520
              150
```

d'où $x = \dfrac{3640 \times 990}{4740}$

```
3e Mise. 3640
         1275
         ----
        182 00
       2548 0
       7280
      3640
      --------
      46410,00 | 4740
       3750    |------
        432 0  | 979,11
          5 40
            660
            186
```

d'où $x = \dfrac{3640 \times 1275}{4740}$

```
4e Mise. 3640
          1725
         ------
         18 200
         72 80
        2548 0
        3640
       --------
       6279,000 |4740
       1539     |-------
        117 0   |1324,68
         22 20  |
          3 240
            3960
             168
```

d'où $x = \frac{3640 \times 1725}{4740}$

En réunissant les parts 575# 94, 760# 25, 979# 11 et 1324# 68, on a 3639# 98, et en recueillant les divers restes de chaque division 444, 150, 186 et 168, et divisant la somme par le diviseur commun 4740, on obtient exactement 2 pour quotient. Ces deux centimes étant ajoutés au nombre 3639# 98, donnent réellement le bénéfice total 3640#.

104. *Règle de société composée :* Trois associés ont mis en commerce, le premier 425# durant six mois, le deuxième 7900# durant quatre mois, le troisième 9865# durant deux mois. Ils ont 800# de perte après six mois d'association : combien chacun perdra-t-il ?

Il faut ici ramener les mises à un même temps, à un mois, en multipliant chacune par le nombre de mois pendant lesquels chaque dépôt est resté dans la société.

Le 1er associé est censé avoir mis			$6 \times 425 = 2550$
Le 2e	—	—	$4 \times 7900 = 31200$
Le 3e	—	—	$2 \times 9865 = 19730$
			53480

En opérant comme précédemment, on a pour le premier 38# 14, pour le deuxième 466# 71, pour le troisième 295# 13. Si l'on ajoute deux centimes perdus dans les restes, au total de ces trois sommes, on retrouve exactement les 800# de perte.

105. Les règles de société peuvent aussi s'opérer par la *méthode de l'unité*, en faisant ce raisonnement général : Si le total des mises a été suivi de tant de bénéfice ou de perte, un franc a occasionné ce bénéfice ou cette perte divisé par le total des mises ; la mise de chaque associé aura occasionné autant de fois plus qu'il aura mis de francs. On arrive ainsi à multiplier successivement chaque mise par le bénéfice ou la perte, et à diviser par le total des mises.

Ainsi dans l'exemple précédent, on aura à multiplier par 800, 1°. 2550, 2°. 31200, 3°. 19730, et à diviser successivement chacun des produits par 53480.

REGLES D'INTÉRÊT.

106. La règle d'intérêt consiste à *trouver combien une somme prêtée ou empruntée produit d'intérêt pendant un temps donné*. Elle est simple s'il ne s'agit que de ce que rapporte un capital; elle est composée, s'il est question de calculer l'intérêt de l'intérêt.

L'intérêt légal est de 5# pour cent, il est de 6# pour les commerçants. On le représente ordinairement ainsi : 5 %.

107. Il y a évidemment rapport entre 100# et la somme en question, comme entre le taux et l'intérêt cherché. On établit donc, en désignant par x, cet intérêt, la proportion suivante :

100 : la somme : : le taux : x.

108. Soit à trouver l'intérêt de 92800 durant 7 ans, à raison de 5 pour cent.

On a pour un an, 100 : 92800 : : 5 : x; d'où $x = \frac{5 \times 92800}{100} = \frac{464008}{100} = 4640$, et pour 7 ans, on a 7×4640 ou 32480#.

109. S'il y avait à tenir compte d'un certain nombre de mois et de jours, on transformerait les mois en jours, en les multipliant par 30 (1) et alors la proportion deviendrait :

$$100 \times \text{par les jours d'un an ou } 360 : \text{aux jours donnés} :: \text{le capital} \times \text{le taux} : x.$$

Soit à chercher combien un emprunteur devra pour une somme de $3800^{\#}$, prise pour un an et sept mois, au taux 6 pour cent.

On raisonne ainsi : les 7 mois donnent 7×30 ou 210 jours, pour l'année complète,

$$\text{on a } x = \frac{6 \times 3800}{100} = \frac{22800}{100} = 228^{\#}.$$

Pour les 210 jours, la proportion devient :

$$36000 : 210 :: 3800 \times 6 : x; \text{ d'où } x = 133^{\#}.$$

L'intérêt total est $228 + 133$ ou $361^{\#}$.

110. S'il s'agissait de calculer *l'intérêt de l'intérêt*, on ajouterait l'intérêt au capital, après une année révolue; on procéderait de même pour chacune des années de placement, et, s'il y avait des jours, on procéderait, pour ces jours, ainsi qu'il a été dit nº 109.

Ce genre d'intérêt est ce qu'on appelle *l'intérêt composé*.

111. Un capital de 35700 à *intérêts composés*,

---

(1) Dans les questions d'intérêt, les mois sont censés être tous de 30 jours, et les années de 360.

au taux 5 % est resté 2 ans et 8 mois entre les mains de l'emprunteur. Que doit ce dernier ?

$$1^{re} \text{ année.} \quad 100 : 35700 :: 5 : x$$

$$\text{D'où } x = \frac{5 \times 35700}{100} = 1785.$$

$$2^{e} \text{ année.} \quad 100 : 35700 \times 1785 :: 5 : x$$

$$\text{ou } 100 : 37485 :: 5 : x$$

$$\text{D'où } x = \frac{187425}{100} = 1874^{\#}\,25.$$

Pour les 8 mois, on a $36000 : 39359,25 \times 5 :: 240 : x$

$$\text{D'où } x = \frac{39359,25 \times 5 \times 240}{36000}$$

$$= \frac{47231100,00}{36000} = 1311^{\#}\,14 \text{ à un centime près.}$$

Le total sera $39359^{\#}\,25 + 1311^{\#}\,14$ ou $40670^{\#}\,39$.

112. Lorsqu'au lieu de l'intérêt on désire trouver le taux ou le capital ou le temps de placement, on procède ainsi qu'il suit :

Taux. Pour le taux, la proportion devient :

Le capital × les jours : 36000 :: l'intérêt : x.

Soient 45000, placés 16 mois et ayant rapporté 3000#. A quel taux était placée cette somme?

On aura $45000 \times 480 : 36000 :: 3000 : x$

$$\text{D'où } x = \frac{36000 \times 3000}{45000 \times 480} = \frac{108000000}{21600000} = 5.$$

Le taux était à 5 %.

113. *Capital*. Pour le capital, la proportion devient :

Le taux × le nombre de jours : 36000 :: l'intérêt : x.

Soient 217# 50 d'intérêt, au taux 6 %, provenant d'un capital placé 2 ans et 5 mois. Quel est ce capital ?

On dit $6 \times 870 : 36000 :: 217,50 : x$.

D'où $x = \frac{7830000}{5220} = 1500$#.

114. *Temps.* La proportion sera pour le temps :

Le taux $\times$ le capital : l'intérêt :: 36000 : x.

Soient 7800#, à 4 1/2 pour cent, ayant rapporté 1257# 75. Pendant combien de temps ce capital est-il resté placé ?

On dit 4# 50×7800 : 1257# 75 :: 36000 : x.

D'où $x = \frac{45279000}{35100} = 1290$ jours = 3 ans et 7 mois.

Pour extraire les ans d'un nombre de jours, on divise le nombre par 360, et s'il y a un reste, on extrait les mois de ce reste, en divisant par 30.

115. La *méthode de l'unité* est applicable à toutes les règles d'intérêt.

Soit le problème suivant : Une somme de 15600# a été prêtée au taux de 5 % pendant 1 an et 5 mois. Quel en est l'intérêt ?

On raisonne ainsi qu'il suit :

100# en 360 jours, rapportent. . 5#

1 franc, rapporte donc. . . . . $\frac{5}{100}$

En un seul jour, 1# rapporte. . $\frac{5}{100 \times 360}$

15600 rapporteront, en un jour $\frac{5 \times 15600}{100 \times 360}$

En 510 jours, ils rapporteront. . $\frac{5 \times 15600 \times 510}{36000}$

Les 15600#, rapporteront 1105#.

116. Si, au lieu de l'intérêt, il s'agissait de chercher le *taux*, on procéderait comme dans le problème suivant :

Une somme de 15000# a été placée pendant 375 jours et a produit 781# 25. A quel taux était-elle placée ?

15000 ont rapporté, en 375 jours 781# 25

1# a rapporté, en ce temps. . . $\frac{781,25}{15000}$

1# en un jour, a rapporté. . . $\frac{781,25}{15000 \times 375}$

1# a rapporté en 360 jours. . . $\frac{781,25 \times 360}{15000 \times 375}$

100# ont rapporté en 360 jours. $\frac{781,25 \times 360 \times 100}{15000 \times 375}$

Le capital était placé à 5 %.

117. Quand on veut obtenir le *capital*, on raisonne ainsi que dans la question suivante :

Quel est le capital, qui, placé à 6 %, pendant 1 an et 2 mois, ou 420 jours, a rapporté 2450#.

6# viennent, après 360 jours, de. $100^{\#}$

1# vient, après ce même temps, de $\frac{100}{6}$

1# vient, après un jour, de...... $\frac{100 \times 360}{6}$

2450# viennent, après un jour, de $\frac{2450 \times 36000}{6}$

2450#, après 420 jours, viennent de $\frac{2450 \times 36000}{6 \times 420}$

Le capital est 35000#.

118. Relativement au *temps* de placement, on le trouve en procédant comme dans le problème qui suit :

2750# ont été placés à 4 1/2 pour cent et ont rapporté 396#. Quel temps sont-ils restés placés ?

100# rapportent 4 1/2 en.... 360 jours

1# rapporte 4 1/2 ou 4# 50 en. 36000 jours

1# rapporte 1# en.......... $\frac{36000}{4{,}50}$ jours

2750# rapportent 1# en..... $\frac{36000}{4{,}50 \times 2750}$ jours

2750# rapporteront 396# en.. $\frac{36000 \times 396}{4{,}50 \times 2750}$ jours

2750# rapporteront 396# en 3 ans 2 mois et 12 jours.

RÈGLE D'ESCOMPTE.

119. L'escompte est *la retenue faite sur un billet payé avant l'échéance.*

On distingue l'escompte *en dedans, où l'on ne considère que la somme énoncée*, et l'escompte *en dehors, où l'on envisage la somme et l'intérêt couru jusqu'à l'échéance.* 100# escomptés en dehors, seraient 105# au taux 5 %.

120. Pour avoir l'escompte d'un an, on pose la proportion :

$$100 : \text{la somme du billet} :: \text{le taux} : x.$$

S'il se présente des jours, on a :

$$100 \times 360 : \text{au nombre de jours} :: \text{la somme} \times \text{le taux} : x.$$

121. Un billet de 4500# est payable dans 55 jours. Que prélèvera le banquier, en l'acquitant à raison de 6 pour cent?

$36000 : 55 :: 4500 \times 6 : x$; d'où $x = 41^{\#}\,25$ à un centime près.

122. Solution par la *méthode de l'unité :* Quel sera l'escompte d'un billet de 590# payable dans 75 jours, au taux 6 %?

L'escompte de 100# pour un an, étant $6^{\#}$

L'escompte de 100# pour un jour, est $\dfrac{6}{360}$

L'escompte de 1 franc pour un jour, est $\dfrac{6}{36000}$

Celui de 590# est $\dfrac{6 \times 590}{36000}$ et pour 75 jours il est $\dfrac{6 \times 590 \times 75}{36000}$

Le résultat est 7# 65, à un centime près.

RÈGLE D'ÉCHANGE.

---

123. La règle d'échange consiste à *donner une quantité équivalente, en valeur, à une autre quantité.*

On la résout par une proportion inverse.

Problème : Un drap d'Elbeuf coûte 36# le mètre, et l'on veut en échanger 45 mètres contre des draps de Sédan à 28# le mètre : combien devra-t-on recevoir de mètres de ce dernier drap ?

$$28 : 36 :: 45 : x; \text{ d'où } x = \frac{1620}{28} = 57^{m}\,85 \text{ à un centimètre près.}$$

124. Par la *méthode du raisonnement*, on procéderait ainsi :

45 mètres à 36# font 1620#. En divisant ce nombre, par le prix des mètres de drap de Sédan, on aura les mètres cherchés.

RÈGLE DE MÉLANGE.

125. Pour obtenir le prix d'un mélange, on compare les prix et les quantités, puis on établit la proportion :

La somme des unités de mesure : au prix total des quantités :: l'unité de mesure : x.

15 litres d'eau-de-vie à 1# 50 sont mêlés avec 25 litres d'une autre à 1# 75 : combien coûte le litre du mélange ?

$$41 : 22{,}50 + 45{,}50 :: 1 : x$$

D'où $x = 1^{\#}\,658$ ou $1^{\#}\,66$ à un demi-centime près, en plus.

126. En procédant par le raisonnement, on voit qu'en divisant la somme des frais d'achat des quantités, par le nombre d'unités de mesure, on acquiert le prix de l'unité de mesure du mélange.

127. Aux règles précédentes se rattache une autre nommée *règle de fausse position.*

Elle consiste à *obtenir un résultat, en considérant ce qui manque à une réponse supposée pour réunir les conditions requises de l'énoncé.*

Problème : On veut payer 715# avec 92 pièces, les unes de 20#, les autres de 5# : combien faudra-t-il de pièces de chaque valeur ?

En donnant les 92 pièces, en pièces de 20#, on donnerait 1840#, somme qui dépasse 715 de 1125. Pour savoir combien il faudra substituer de pièces de 5# qui ôteront, chacune, 15# au nombre, il n'y a qu'à diviser 1125 par 15, et l'on obtiendra 75 pour le nombre des pièces de 5#, le nombre des pièces de 20# sera donc 92-75 ou 17.

EXERCICES.

SECONDE PARTIE.

NUMÉRATION.

Du n° 7 au n° 18.

1. Exprimer, en chiffres, les nombres : dix-neuf, vingt-sept, trente-huit, cent onze, quatre-vingt-quinze, soixante-dix.

2. Ecrire, sans le secours des chiffres, les nombres : 10, 13, 17, 25, 34, 49, 72, 86, 95, 100.

3. Exprimer, en chiffres, les nombres : dix mille, onze unités; quinze mille dizaines; cent deux mille centaines; deux cent vingt-sept dizaines de mille.

4. Ecrire 107, 128, 197, 1000, 1011, 2786, 9802, 10000.

5. Ecrire 198640, 1000000, 19000290, 284977642, 7200007001, 896273434520, 47800007964000, 4236780002000.

6. Exprimer, en chiffres, deux millions, trois cents millions, quatre billions, cinq cents trillions, vingt millions douze mille sept unités.

7. Exprimer, en chiffres, sept quatrillions, sept cent deux quintillions, huit cent neuf millions quatre cent douze mille sept cent vingt-quatre unités.

8. Exprimer, en chiffres, quinze centaines de mille, huit dizaines de million, vingt-quatre dizaines de trillion.

NOMBRES DÉCIMAUX.

9. Exprimer, en chiffres, les nombres : trente-quatre unités vingt-sept centièmes, deux mille quarante-six unités trente-cinq millièmes.

10. Ecrire les nombres 7809,35, 4,987604, 12,7009007, 0,00076, 0,000408.

11. Exprimer, en chiffres, les nombres : quatre unités quatre cent dix millièmes, huit unités quinze cents millièmes, quatre cent deux millioniêmes.

12. Ecrire les nombres : 0,0070090008, 498,24659870012.

13. Exprimer, en chiffres, quatre billioniêmes, sept cent vingt-trois trillioniêmes.

14. Ecrire, en nombres décimaux, 9472653 cent millièmes, 492 millioniêmes, 1000 millièmes.

FORMATION DES NOMBRES ENTIERS ET DES NOMBRES DÉCIMAUX.

15. A quel rang sont placées les centaines de mille par rapport aux unités simples?

16. Quelle espèce d'unité est placée entre les millions et les dizaines de mille?

17. Combien faut-il de centaines pour faire un million?

18. Quelle est l'espèce d'unités qui vaut dix mille dizaines?

19. Que représente un chiffre placé au neuvième rang, à partir de la droite, dans un nombre entier?

20. Que représente un chiffre placé au septième rang, à partir de la droite, dans un nombre terminé par un chiffre qui exprime des dix millièmes?

21. Quelle place occupent les unités de trillion, dans un nombre entier, à partir de la droite?

22. Combien faut-il de dizaines de mille pour faire une centaine de mille?

23. Combien faut-il de centaines pour obtenir un billion?

24. Quelles unités représentent le vingtième chiffre dans un nombre, à partir de la droite?

25. Quelle espèce d'unités représentent les chiffres 7 et 9 dans le nombre 17009000?

26. Quelles espèces d'unité remplacent le 3e et le 6e zéro, à partir de la droite, dans le nombre 1000790080?

27. Ecrire le nombre décimal 286,745 en le rendant 100 fois plus grand.

28. Ecrire le nombre décimal 107,005 rendu 10 fois plus petit.

29. Que deviendra le nombre 286,746, si l'on avance la virgule de deux rangs vers la droite?

30. Que deviendra le nombre décimal 2467,25, si l'on place la virgule entre le 4 et le 2?

31. Que représentera le chiffre 7 dans le nombre décimal 5,06795, rendu 10000 fois plus grand?

32. Comment écrira-t-on la fraction décimale 0,3, devenue 1000 fois plus petite?

33. Ecrire le nombre 604 rendu successivement 10 fois, 100 fois, 1000 fois et 10000 fois plus grand; puis 10 fois, 100 fois, 1000 fois et 10000 fois plus petit?

34. Que deviendra la virgule dans le nombre décimal 3,075 rendu 1000 fois plus grand?

35. Le chiffre 7 représente des centaines de mille, dans un nombre ; que représentera-t-il si l'on rend ce nombre 100 fois plus grand ?

36. Quelles unités représentera le chiffre 4 dans le nombre décimal 9,546 devenu 10000 fois plus grand ?

37. Que deviennent les cent millièmes dans un nombre décimal, rendu 100000 fois plus grand ?

38. Exprimer les millioniènes contenus dans un nombre qui renferme 5 unités de millions.

ADDITION.

Du nº 19 au nº 24.

39. Additionner 36,49 et 198, 364 et 2987, 6840 et 9976, 49782 et 99909.

40. Additionner 4000000, 7890076 et 89350200, 7648239650 et 128699997899.

41. Additionner 4279, 25346, 79864, 982347, 500289, 478906 et 9999999.

42. Combien pesait un baril de café dont on a vendu 78 kilogrammes, et qui pèse encore 97 kil. ?

43. Les Français perdirent 30000 hommes à Crécy, et 1000 à Poitiers : combien de Français périrent dans ces deux batailles contre les Anglais ?

44. Que doit un emprunteur qui a reçu successivement 295#, 760#, 4985#, 7890# et 12000#?

45. Il y a de Paris à Nevers 235 kilomètres, et de Nevers à Clermont-Ferrand 147 kil. : combien y a-t-il de kilomètres de Paris à Clermont?

46. Un fabricant a expédié quatre caisses, estimées la première 3798#, la seconde 2986#, la troisième 1027#, la quatrième 4212# : combien lui est-il dû par les destinataires?

47. Un commerçant dépense 300# pour son loyer, 1900 pour l'entretien de sa famille, 400# pour l'achat des objets nécessaires à son magasin : que dépense-t-il en tout?

48. Vashington (en Amérique) compte 30000 habitants; New-York, 400000; Philadelphie, 300000; Boston, 150000; Baltimore, 128000; La Nouvelle-Orléans, 120000 : combien ces six villes renferment-elles d'habitants?

49. Edouard II, roi d'Angleterre, fut mis à mort en 1327 : à quelle époque de notre ère y a-t-il eu 540 ans écoulés depuis cet événement?

50. En retranchant 75 d'un nombre, on a eu 128 : quel est ce nombre?

51. Pascal naquit en 1623, et vécut 39 ans : en quelle année mourut-il?

52. Damas (Turquie d'Asie) compte 220000 habitants; Smyrne, 140,000; Alep, 128000; Bagdad, 160000; Tokat, 120000; Erseroum et Brousse, 100000 chacune; Mossoul, 68000; Bassora, 65000; Trébizonde, 60000; Kiutahié, 50000; Scutari, Angora et Jérusalem, 40000 chacune : combien ces 14 villes renferment-elles d'habitants?

53. Le baromètre a été découvert en 1643 : à quelle époque y a-t-il eu 224 ans qu'il est inventé?

54. Une personne a placé, dans la caisse d'épargnes, 290#, puis 475#, et enfin 325# : combien a-t-elle placé en tout?

55. Charles V, dit le Sage, gouverna la France 16 ans, après avoir succédé à son père Jean-le-Bon, en 1364 : combien de temps vécut-il? En quelle année mourut-il?

56. Un entrepreneur de construction a acheté pour 230# de poutres, pour 375# de planches, et pour 198# de soliveaux : quelle somme a-t-il à payer?

57. Un établissement public renferme quatre salles dont la première contient 54 lits, la deuxième 48, la troisième en renferme 16 de plus que la première et la quatrième 12 de plus que la deuxième : combien ces salles renferment-elles de lits?

58. Les nombres suivants 800000, 40000, 70000, 130000, 100000, 70000, 50000, 45000, 35000, 90000, 100000, 80000, 100000, 60000, 80000 et 100000, représentent successivement la population des villes Nankin, La Mecque, Mascate, Téhéran, Tauris, Hispahan, Hamadan, Cazbin, Yezd, Kaboul, Hérat, Peychaver, La Hore, Cachemire, Bangkok et Hué : dites le total de ces seize villes ?

59. Un double décalitre pèse 1075 grammes : quel en sera le poids si l'on y introduit 17925 grammes de grain ?

60. Des trois dynasties qui ont cessé de régner en France, la première celle des Mérovingiens commença sa domination en 420 et se maintint 332 ans ; la deuxième celle des Carlovingiens régna 235 ans ; la troisième celle des Capétiens 839 ans. Combien de temps ont régné ces trois dynasties et à quelle époque les Capétiens sont-ils déchus, supposé qu'ils ont eu 22 ans d'interruption dans l'exercice de leur pouvoir.

61. Un individu a payé 215#, 570#, 945# et 740# ; il doit encore 1295# : combien devait-il ?

62. Un marchand a acheté pour 725#, 946#, 1248#, 592# et 895# de diverses étoffes : combien faut-il qu'il retire de son acquisition pour gagner

450#, supposé que le transport de ces objets lui revienne à 55# ?

63. Une magnifique comète a paru en septembre et octobre 1858 : à quelle époque reparaîtra-t-elle, si l'on suppose qu'elle ne repassera près du soleil que dans 350 ans ?

64. Quatre quêtes pour les inondés de 1866 ont produit, l'une 45#, la deuxième 95#, la troisième 378# et la quatrième 892# ; un don spécial s'élève à 200# : quelle est la somme totale ?

65. Une escadre est formée de cinq vaisseaux montés par 600 hommes chacun, armés de 120 canons, et de quatre frégates montées par 450 hommes et armées de 90 canons chacune : combien l'escadre compte-t-elle d'hommes et de canons ?

SOUSTRACTION.

Du nº 24 au nº 28.

66. Retrancher 7862 de 8973 et 48026 de 59137.

67. Retrancher 124306 de 378926 et 236450 7875627.

68. Retrancher 120347629 de 231487359, 346 de 428, 3624 de 6812, 742654 de 831472 et 999999999 de 1000000000.

69. Retrancher 24796183 de 73685092 et 6080970905 de 8008600400.

70. Un créancier, sur une dette de 4875# a reçu 3420# : que lui doit-on encore?

71. Quelle est la différence des deux nombres 17846000 et 9876789?

72. On a retranché un nombre de 7980 et l'on a eu 1247 pour reste : quel est-ce nombre?

73. Un quincailler a reçu en un mois pour 625# de coutellerie et en a vendu pour 760# ; le mois suivant il en a reçu pour 975# et en a vendu pour 1210# : quels sont les excès mensuels de sa recette sur le prix de ses marchandises?

74. Pékin, en Chine, compte 2700000 habitants, Canton en a 900000 : quelle est la différence de population entre ces deux villes de l'Asie?

75. Alboin fixa les Lombards en Italie en 568. Depuis combien d'années ce peuple s'est-il établi dans cette péninsule (1867)?

76. Yédo, capitale du Japon, est peuplée de 1500000 âmes : quelle est la population de Miaco qui a 900000 âmes de moins?

77. Une armée de 95000 hommes en a perdu 7948 dans une bataille : combien lui en reste-t-il?

78. La lettre Ghimel, en hébreux, exprime le nombre 3 et lorsqu'elle est surmontée de deux petits traits verticaux elle exprime 1000 fois plus; de combien, dans ce dernier cas, augmente-t-elle de valeur? En quoi diffère le caph, valant 20 sans être surmonté des deux traits?

79. Un navire doit tenir la mer durant 90 jours et n'a voyagé que 75 jours; combien a-t-il de temps à rester en mer?

80. Une personne bienfaisante avait 2740# et a donné 850# aux pauvres: que lui reste-t-il?

81. Il y a eu, en 1867, 527 ans depuis que Philippe VI, roi de France, vainquit, à Saint-Omer, Arteveld, chef des Flamands: en quelle année eut lieu cette victoire?

82. Maroc, sous les Almoravides, comptait 700000 habitants et n'en a aujourd'hui que 80000: de combien a diminué la population de cette ville et combien lui manque-t-il d'habitants pour égaler Fez qui en a 120000?

83. Un commerçant, en paiement d'une dette de 9870# a reçu deux billets dont l'un est de 5490#: quelle est la somme énoncée sur l'autre?

84. A quelle époque est né un individu qui en 1867 a eu 77 ans?

85. Le schisme d'occident commença en 1376 et finit en 1449 : combien d'années dura-t-il ?

86. D'après la chronologie des Bénédictins, le monde fut créé 4963 ans avant J.-C. : en quelle année eut lieu le déluge qui arriva 1655 ans après ?

MULTIPLICATION.

Du nº 28 au nº 56.

87. Multiplier 334 par 3, 7542 par 4, 9786 par 5, 79860 par 7, et 203465 par 12.

88. Multiplier 697842 par 46, 1204657 par 324, 20980000 par 7809006, et 970820050 par 998709.

89. Combien coûteront 786 mètres d'une étoffe estimée 48# le mètre ?

90. Un héritage a été partagé en 24 lots de la valeur de 1290# chacun : quelle est la valeur de cet héritage ?

91. Combien aurait vécu de jours une personne qui accomplirait sa 99e année ?

92. Un négociant a acheté 372 kilogrammes d'une marchandise, à raison de 14# le kilog. : combien doit-il ?

93. La population moyenne des 89 départe-

ments français est de 415730 habitants : quelle est la population de la France?

94. Un wagon parcourt en un jour 564 kilomètres : combien en parcourra-t-il en 67 jours?

95. Un volume se compose de 476 pages, renfermant 28 lignes chacune : combien compte-t-on de lignes dans ce volume?

96. Le produit de 12500 par 32 donne la population de Naples : quelle est cette population? Combien cette ville, Vienne et Berlin qui ont le même nombre d'habitants chacune, en renferment-elles ensemble?

97. Le quart du méridien terrestre est de 10000000 mètres : quelle est en mètres l'étendue totale du méridien?

98. Exprimer 749 ans en mois, puis en jours.

99. La pièce de 5 francs, en argent, pèse 25 grammes : quel est le poids de 675 pièces semblables?

100. Le produit de 150 par 9 indique l'époque où Pierre-le-Cruel devint roi de Castille : en quelle année le devint-il?

101. Un héritier a reçu 6789# ainsi que sept autres co-héritiers : quelle valeur ont-ils eu à se partager?

102. Le produit de 4000 par 25 indique combien de Perses périrent à la bataille d'Issus : combien en périt-il ?

103. Un hectolitre de vin coûte 35# : combien coûteront 798 hectolitres ?

104. Le nombre 7921875, multiplié par 128, donne la population approximative du monde entier : combien la terre compte-t-elle d'habitants?

DIVISION.

Du nº 36 au nº 44.

105. Diviser 144 par 2, 786 par 6, 2845512 par 36, et 262224 par 72.

106. Diviser 972456 par 247, 58642900 par 47820, et 7800504 par 602.

107. Un héritage de 511040# est dévolu à 32 héritiers : quelle sera la part égale de chacun ?

108. 172 ouvriers ont eu à creuser un canal de 15300 mètres : combien de mètres a creusé chacun d'eux ?

109. L'élévation du Dawalagiri (Thibet), au-dessus du niveau de la mer, est exprimée en mètres par le quotient de 215358 par 26 ; quelle est cette hauteur ?

110. Chercher le nombre qui, pris 96 fois, donne 26400 pour produit.

111. Le nombre d'écus d'or que Jean-le-Bon, roi de France, promit de payer aux Anglais pour sa rançon est le quotient de 36000000 par 12 : quel est ce nombre ?

112. Par quel nombre faut-il diviser 76242 pour obtenir 97 ?

113. Le produit de deux nombres est 1773408; l'un des nombres est 2436 : quel est l'autre ?

114. Le quotient de 2080000 par 16 donne le nombre des Germains que Gratien tua à la bataille de Colmar : quel est ce nombre ?

115. Un individu a légué son héritage de 18700# à 5 héritiers; chacun de ceux-ci transmet sa part à 7 autres : quelle est la part de chacun ?

116. En divisant 332148 par 634 et 36325 par 25, on a la première année de l'hégyre musulmane, puis l'époque de la prise de Constantinople par les Turcs. En quelle année eut lieu la fuite de Mahomet ? Quand déchut l'empire d'Orient ?

117. Un propriétaire a vendu, à raison de 13125#, 375 arbres de haute futaie : quel est le prix moyen de chaque arbre ?

118. Trouver le quotient de 42545505982662686018 par 607009.

SYSTÈME MÉTRIQUE.

Du nº 44 au nº 60.

119. Ecrire en chiffres un kilolitre, deux myriagrammes, sept hectomètres.

120. Ecrire en chiffres huit décastères, vingt-cinq centiares, soixante-huit francs vingt-neuf centimes.

121. Ecrire en chiffres quatre litres trois centilitres, cinq hectogrammes deux grammes quinze milligrammes.

122. Ecrire en chiffres vingt-cinq centimètres, quinze décistères, sept milligrammes.

123. Ecrire l'expression 9876 grammes, en indiquant chaque multiple par sa lettre initiale, placée au-dessus du chiffre qui le représente.

124. Indiquer les multiples par des lettres majuscules, et les sous-multiples par des minuscules dans les nombres 387 litres 75 centilitres, 4000 ares 7 centiares, 75 francs 25 centimes.

125. Exprimer en mètres le nombre 276,04, en stères le nombre 25,50, en litres le nombre 789,95.

126. Additionner les nombres 305,28, 9804,105, 12467,05, 702,19 et 97640,28.

127. Additionner les nombres 4 myriamètres 5 décamètres, 25 hectomètres 6 mètres, 35 décamètres 8 décimètres.

128. Soustraire 17809 de 18724,05, 7892,125 de 36748,15, et 764005 de 1246080,42.

129. Soustraire 125 hectogrammes 25 centigrammes de 35 myriagrammes 3 grammes.

130. Soustraire 9h. a. de 1000 ares 25 centiares.

131. Soustraire 425 litres 9 décilitres de 5 hectolitres 3 décalitres.

132. Multiplier 4327,50 par 426,37, 642,138 par 48,72, 25,006 par 14,09, 0,00015 par 0,000012.

133. Multiplier 15 hectomètres 25 centimètres par 8 décamètres 12 décimètres, et indiquer les unités métriques du résultat.

134. Multiplier 789 par 65 stères 7 décistères, et indiquer les stères compris dans le produit.

135. Combien y a-t-il de décagrammes dans 3 hectogrammes 25 grammes 3 milligrammes répétés 98 fois ?

136. Diviser 86626 par 694,8; 7917,16851 par 724,407 ; 24000,1126 par 3427,95, et 0,0017 par 0,000075.

137. Combien auront d'ares de terrain 9 hé-

ritiers qui ont à se partager 15 hectares 27 ares 91 centiares?

138. Une terre a été partagée en cinq lots, le 1er de 170a·25, le 2e de 98a·50, le 3e de 257a·765, le 4e de 79a·98, le 5e de 86a·75 : quelle était l'étendue de cette terre?

139. Une balle de coton pèse 290k·c·25, l'emballage ou tare est de 11k·c·95 : quel est le poids réel du coton?

140. Un couteau coûte 0f 75 : combien coûtera une grosse composée de 12 douzaines?

141. Si la monnaie d'or et celle d'argent contiennent un dixième de cuivre : combien faudra-t-il mêler de cuivre avec 237 hectogrammes d'or et avec 7250 décagrammes d'argent, pour avoir de l'or et de l'argent monnayés?

142. Combien y a-t-il de cuivre dans 786 pièces de 5 francs?

143. Un propriétaire a vendu 13 hectolitres 9 décalitres de seigle pour 183f 48 : quel était le prix de l'hectolitre?

LES QUATRE OPÉRATIONS ET LE SYSTÈME MÉTRIQUE COMBINÉS.

Du no 19 au no 60.

144. Un marchand a acheté 5 chênes à

75# chacun ; il en a retiré 700# en merrain, mais a dépensé 190# pour l'exploitation : quel est son bénéfice ?

145. Diviser le nombre 7893 en deux parties dont l'une surpasse l'autre de 31.

146. 4 héritiers ont à se partager 198700# ; le 1er a la moitié de la somme ; le 2e un cinquième ; le 3e un sixième et le 4e ce qui reste : combien aura chacun d'eux ?

147. La terre, dans sa révolution annuelle autour du soleil, parcourt 604800 lieues en 24 heures : combien parcourt-elle de lieues par minute, par seconde, en un an ? Quel est le tiers ou diamètre du cercle annuel ?

148. Un commerçant a vendu des marchandises pour 15# 25, puis pour 7# 75 et enfin, pour 3# 95 : que lui reste-t-il, s'il a payé 25#, pris sur sa recette ?

149. Combien de grammes pèsent 9875# en argent et quel en est le poids ; 1° déduction faite du cuivre ; 2° déduction faite de l'argent ?

150. Une domestique arrive au marché avec 20#, elle achète pour 4# 50 d'œufs, 7# 75 de volaille, 3# 25 de divers légumes : que lui reste-t-il ?

151. Le tiers, le quart, le douzième de 6000000, donnent successivement la population

de Londres, de Paris et de Saint-Pétersbourg. 25 fois 8800, donnent la population de Madrid : combien y a-t-il d'habitants dans chacune de ces villes et dans les quatre réunies ?

152. Une terre a 3 hectomètres sur chacun de ses grands côtés et 45 décamètres sur chacun des deux petits : quelle en est la superficie, en mètres carrés, si elle est exprimée par le produit d'un grand côté par un petit ?

153. Un négociant avait 1125 kilogrammes d'une marchandise ; il en a vendu 176 kilog., puis 4986 hectogrammes, puis 7468 décagr. : que lui reste-t-il ?

154. Il a été versé 1200#, 450#, 676# et 307# pour les pauvres ; 998# ont été distribués : que reste-t-il à 154 pauvres à qui on partage le reste ?

155. Combien aura-t-on de dixièmes si l'on réunit, en un, les nombres 7920, 8912, 16427 et 740, dont on retranche 1926 pour multiplier ensuite par 24, puis diviser par 15 ?

156. Un débiteur a à payer 3 billets, l'un de 400#, l'autre de 755# 25, le troisième de 970# 75; il dispose de 1500 : combien lui manque-t-il ?

157. Un franc d'argent, pesant 5 grammes et une pièce d'or de 20#, pesant 6 grammes 452 milligrammes ; quelle est la différence de poids des

deux pièces? Combien pèsent 740# en or et 490# en argent?

158. Un voiturier part avec 1792 kilogr., il ajoute, à une station, 279 kilogrammes, à une autre, 1978 décagrammes; il décharge, à une troisième, 287 kilogrammes, à une quatrième, 7698 hectogrammes : quel poids lui reste-t-il?

159. La dynastie de Mahomet, occupa le Kalifat de 622 à 656; les Ommiades de 656 à 750; les Abassides de 750 à 1243; puis les Turcs ont prévalu : combien ont duré chaque dynastie et tout l'empire Arabe? Depuis combien de temps prévalent les Turcs?

160. Deux vases pleins, pèsent l'un 16 kilog. et l'autre 39 kilog. : quel est le poids du liquide si le premier vase pèse 4 kilog. 70 décig. et le deuxième 7 kilog. 25?

161. On a mélangé 14 kilog. 50 de cuivre, avec 7 kilog. 40 de zinc pour avoir du laiton : combien y a-t-il de chaque matière dans 1 kilog. du mélange?

162. Combien pèsent 2900# en monnaie de cuivre, attendu que le cuivre vaut 40 fois moins que l'argent?

163. Combien y a-t-il de décalitres dans 350 litres, 25 hectolitres et 37 kilol..? Que reste-t-il

au maître d'hôtel qui a acquis cette quantité, mais en a vendu 38740 litres?

164. Un mètre cube renferme 1000 décimètres cubes : combien de litres contient une cuve de 6 mètres cubes, remplie de vin, lorsqu'on en a retiré 27 hectolitres?

165. Quel sera le prix de 12 hectolitres de vin, si le litre est à 75 centimes? Qu'aura gagné celui qui les aura revendus à raison de 85 centimes le litre?

166. Combien y a-t-il d'ares dans une superficie de 27 fois 75 mètres carrés dont on a séparé 796 mètres carrés?

167. Une bourse renferme un poids de 600 grammes 36 milligrammes en pièces d'or, quelle somme renferme-t-elle? Quelle renfermerait-elle si, à part les 36 milligrammes, elle renfermait un poids égal en argent (1)?

168. Un négociant a acheté 75 mètres de drap à 19# 25, 987m de calicot à 0# 90, 860m de mousseline à 1# 80; s'il revend le drap 20# le mètre, le calicot 1# 25, la mousseline 2# 15 : que gagnera-t-il?

---

(1) Voyez no 157 des exercices.

169. Le produit de 750 par 4 et celui de 375 par 160 donnent le nombre des vaisseaux et des soldats qu'avait Guillaume pour envahir l'Angleterre : combien en avait-il ? Combien de temps régnèrent ses fils, Guillaume-le-Roux et Henri-Beau-Clerc, rois l'un depuis 1087 jusqu'à 1100, l'autre depuis 1100 jusqu'à 1135 ?

170. Un lièvre, surpris par un chien, fait 300 pas par minute et le chien 180 : dans combien de temps le lièvre a-t-il gagné 500 pas sur le chien ?

171. Dans une ville de 16000 âmes, chaque individu consomme 0 kilog. 60 de pain par jour ; or l'hectolitre de blé se vend 22# 50, et fournit 76 kilog. de farine, dont on obtient 104 kilog. de pain : que dépense par jour en pain cette ville ? Combien lui faut-il, par jour, d'hectol. de blé, de kilog. de farine et de kilog. de pain ?

CHIFFRES ROMAINS.

Du no 60 au no 63.

172. Ecrire, en chiffres usuels, les nombres VII, XIV, XXIX, LV, XC, LXXIV, XCVII.

173. Ecrire, en chiffres romains, les nombres 12, 36, 75, 88, 98, 140, 200.

174. Ecrire, en chiffres usuels, les nombres IC, CL, CLXV, CD, CM, $\overline{V}$, $\overline{IX}$.

175. Ecrire, en chiffres romains, les nombres 676, 993, 10000, 200000, 346727.

176. Ecrire, en chiffres arabes ou usuels, les nombres $\overline{\text{XL}}$, $\overline{\overline{\text{D}}}$, $\overline{\overline{\text{V}}}$, $\overline{\overline{\text{MM}}}$, $\overline{\overline{\text{XDC}}}$.

177. Ecrire, en chiffres romains, les nombres 26479800, 36000079, 27000409.

178. Exprimer, en chiffres romains, l'année actuelle 1868.

179. Indiquer, en chiffres romains, la durée du règne de Pierre-le-Grand, en Russie, dès lors qu'il a commencé en 1682, et a fini en 1725.

180. Ferdinand et Isabelle ont régné, en Espagne, depuis 1479 jusqu'en 1516 : représenter ces dates en chiffres romains ainsi que la durée de leur règne.

181. Si le soleil tournait autour de la terre, il faudrait qu'il fît 2500 lieues par seconde. Exprimer, en chiffres romains, les lieues qu'il ferait en un an (1).

FRACTIONS.

Du n° 65 au n° 78.

182. Additionner les fractions $\frac{5}{7}+\frac{5}{7}+\frac{4}{7}$ et $\frac{6}{15}+\frac{7}{15}+\frac{9}{15}+\frac{2}{15}$.

(1) Ce nombre ne peut s'écrire qu'en mettant trois traits sur les billions.

183. Additionner les fractions $\frac{4}{5}+\frac{6}{7}$; $\frac{2}{3}+\frac{3}{4}+\frac{7}{8}$; $\frac{13}{25}+\frac{21}{50}$.

184. Additionner $\frac{8}{9}+\frac{12}{17}+\frac{23}{24}+\frac{27}{32}$; 3 unités $+\frac{4}{7}+$ 8 unités $+\frac{2}{3}$.

185. Additionner 15 unités $+\frac{5}{8}+$ 19 unités $+\frac{7}{11}$; 175 unités $+\frac{2}{5}+\frac{8}{9}$.

186. Soustraire $\frac{7}{9}$ de $\frac{8}{9}$; $\frac{13}{23}$ de $\frac{17}{23}$ et $\frac{25}{44}$ de $\frac{39}{44}$.

187. Soustraire $\frac{19}{25}$ de $\frac{33}{34}$ et $\frac{41}{72}$ de $\frac{67}{70}$.

188. Soustraire 4 unités $+\frac{2}{3}$ de 12 unités $+\frac{5}{6}$; 5 unités $+\frac{1}{2}$ de 6 unités $+\frac{2}{3}$.

189. Soustraire $\frac{7}{9}+\frac{4}{5}$ de 3 unités et 2 unités de $\frac{34}{17}$.

190. Multiplier $\frac{4}{9}$ par $\frac{5}{9}$; $\frac{7}{20}$ par $\frac{5}{15}$; $\frac{2}{3}$ par $\frac{3}{5}$ et $\frac{5}{6}$ par $\frac{15}{24}$.

191. Multiplier 5 unités $+\frac{3}{4}$ par 12 unités $+\frac{7}{8}$ et 15 unités $+\frac{4}{11}$ par 26 unités $+\frac{12}{13}$.

192. Multiplier $27+48$ par $\frac{2}{3}$ et $\frac{3}{4}+\frac{15}{16}$ par 36.

193. Diviser $\frac{5}{9}$ par $\frac{3}{11}$; $\frac{4}{7}$ par $\frac{2}{5}$ et $\frac{27}{34}$ par $\frac{15}{34}$.

194. Diviser $\frac{2}{3}$ par $\frac{7}{8}$ et 19 unités par $\frac{5}{11}$.

195. Diviser $6 + \frac{3}{4}$ par $4 + \frac{6}{7}$; $25 + \frac{1}{2}$ par $7 + \frac{2}{5}$ et 15 par $\frac{5}{4}$.

196. Quelle est la plus forte des deux fractions $\frac{3}{5}$ et $\frac{7}{9}$?

197. Chercher le plus grand commun diviseur entre les nombres 640 et 20; 448 et 16; 4862 et 98; 98903 et 796.

198. Les nombres 137 et 15 ont-ils un commun diviseur autre que l'unité?

199. Le quart de 160000 indique la population de Versailles ainsi que celle de Clermont-Ferrand: combien y a-t-il d'habitants dans chacune de ces villes?

200. Quel est le tiers de $\frac{24}{25}$?

201. De quel nombre 15 est-il les $\frac{3}{5}$?

202. De quel nombre 20,20 est-il les $\frac{4}{5}$ des $\frac{7}{8}$?

203. Les $\frac{7}{9}$ d'un nombre sont 189 : quel est ce nombre?

204. Les $\frac{4}{5}$ d'une succession sont 5425 : quelle est-elle?

205. Quel est le nombre qui, multiplié par $7 + \frac{1}{2}$, a donné 1 pour résultat?

206. Un décimètre cube d'or père 19 kilogr. 3617 décigrammes : combien pèseront les $\frac{10}{11}$?

207. Un ouvrier a travaillé $\frac{4}{5}+\frac{2}{5}+\frac{1}{2}+\frac{3}{4}$ d'heure : combien a-t-il d'heures de travail ?

208. Combien coûteront $\frac{4}{5}$ de mètre d'une étoffe estimée 25# le mètre ?

209. Un tableau a les $\frac{2}{5}$ de 4 mètres en largeur ; sa hauteur dépasse la largeur de $\frac{6}{7}$ de mètres : quelle est cette hauteur ?

210. Quels sont les $\frac{6}{7}$ des $\frac{4}{5}$ d'un stère ?

211. Combien un courrier fera-t-il de kilomètres en 16 heures, attendu qu'il fait 4 kilom. et $\frac{1}{2}$ par heure ?

212. Une montre avance de 3 minutes et $\frac{1}{2}$ en 12 heures : à quelle époque reviendra-t-elle à l'heure exacte d'où elle est partie ?

213. Une fontaine coule dans un bassin et le remplirait en 24 heures : combien lui faudra-t-il de temps si le bassin perd $\frac{1}{12}$ par heure ?

214. Deux tuyaux versent dans un bassin de 464 litres, le premier 2 litres $\frac{1}{2}$ par minute, le deuxième 4 litres et $\frac{3}{4}$: combien mettront-ils de temps à le remplir ?

215. La garnison d'une place forte a pour 16 jours de vivres, et voudrait résister à des assiégeants durant 25 jours : de combien faudra-t-il réduire les rations ?

216. Un lièvre blessé a 50 mètres devant un chien de chasse; celui-ci gagne sur le lièvre $\frac{1}{5}$ de mètre par minute : quand atteindra-t-il la proie (1)?

217. Quelles sont les unités renfermées dans $\frac{48}{12}$?

218. Réduire $\frac{7}{15}$ en fraction décimale.

219. Transformer 56 en expression fractionnaire, dont 17 soit le dénominateur.

220. Réduire $\frac{5}{7}$ en fraction décimale et poursuivre le quotient jusqu'au chiffre des millionièmes?

221. La lumière parcourt 4680000 lieues par minute : combien en parcourt-elle en $\frac{1}{60}$ ou une seconde?

PUISSANCES ET RACINES.

Du n° 79 au n° 90.

222. Elever 94 à la cinquième puissance.

223. Elever 876 à la sixième puissance.

---

(1) En général, il s'agit de division si l'unité est à chercher, et de multiplication si celle-ci est connue.

224. Ecrire, en chiffres, le nombre suivant : cent mètres carrés, soixante-quinze centimètres carrés, cinq millimètres carrés.

225. Ecrire, en chiffres, le nombre dix mètres cubes, vingt-cinq décimètres cubes, cent trente-six millimètres cubes.

226. Ecrire, en chiffres, le nombre décimal sept décimètres carrés, huit millimètres carrés.

227. Ecrire, en chiffres, le nombre décimal quinze centimètres cubes et vingt-cinq millimètres cubes.

228. Combien y a-t-il de décimètres carrés dans 468 mètres carrés?

229. Combien y a-t-il de centimètres cubes dans 2475 mètres cubes?

230. Combien faut-il de chiffres décimaux pour représenter des unités de millimètres carrés?

231. Combien faut-il de chiffres décimaux pour exprimer des unités de millimètres cubes?

232. Que représente le nombre 3405,786040 en mètres carrés et en sous-multiples de cette espèce d'unité?

233. Que représente le nombre 75,276409500 en mètres cubes et en sous-multiples de cette quantité?

234. Extraire la racine carrée des nombres 34756 et 41886784.

235. Extraire la racine carrée de 9749876420.

236. Elever au carré les nombres décimaux 4987694,50 et 1744767,295.

237. Elever au carré 0,025 et 0,0000764.

238. Extraire la racine cubique du nombre 9876240800.

239. Elever au cube les nombres 482 et 42872.

240. Elever au cube le nombre 0,0000046.

241. Extraire la racine carrée du nombre décimal 60885,5625.

242. Extraire la racine cubique de 504358336 et la racine carrée de 633616.

243. Extraire la racine cubique du nombre décimal 34693822,208375.

244. On veut ranger, en carré, une armée de 15800 hommes : combien faudra-t-il réclamer d'hommes de plus pour avoir un carré parfait et combien, dans ce dernier cas, y aura-t-il d'hommes sur chaque rang ?

245. Une table a 228 centimètres de longueur, sur 97 de largeur : quelle dimension aurait une table équivalente en superficie mais transformée en table carrée ?

246. Quelle serait la surface occupée par une maison carrée, équivalente à une autre de 18 mètres de longueur sur 8 de largeur?

247. Une terre a 346 mètres de longueur sur 96 de largeur : quel serait le côté d'une terre carrée équivalente en superficie?

RÈGLE DE TROIS.

Du nº 90 au nº 101.

248. 15 ouvriers ont fait 92 mètres d'une route : combien 28 ouvriers en feront-ils?

249. Il a fallu 17 jours pour creuser 65 mètres d'un fossé : combien en faudra-t-il pour creuser 98 mètres?

250. 6 ouvriers ont fait, en 19 jours, par un travail de 12 heures par jour, 172 mètres : combien 25 ouvriers, avec 13 heures de travail, mettront-ils de jours pour faire 986 mètres?

251. 45 kilogrammes d'eau salée, renferment 6 kilog. et 1/2 de sel : combien faudra-t-il ajouter d'eau pure pour que 45 kilog. du mélange ne contiennent que 2 kilog. de sel (1)?

---

(1) Pour résoudre ce problème, on pose la proportion : 2 : 45 :: 6 1/2 — 2 : x.

252. Cinq chars de planches ont suffi pour 109 mètres carrés de plancher ; chacune ayant 4 mètres de longueur sur 20 centimètres de largeur : combien faudra-t-il de chars de planches ayant 3 mètres de longueur sur 30 centimètres de largeur, pour planchéier 428 mètres carrés ?

253. Un voyageur a passé 4 jours $\frac{2}{3}$ pour faire la moitié de sa route : combien lui en faudra-t-il pour atteindre les $\frac{8}{9}$ de son voyage ?

254. Un escalier doit avoir 90 marches d'un décimètre $\frac{2}{3}$ chacune. Pour le rendre plus accessible, on réduit la hauteur des marches à un décimètre et $\frac{1}{4}$: combien faudra-t-il de marches ?

255. Une perche de 5 mètres, tenue verticalement donne $0^{m}75$ d'ombre : quelle est la hauteur d'un sapin qui en donne 4,50 mètres ?

256. Trois scieries hydrauliques ont fourni 1500 planches en 9 jours : combien deux scieries en fourniraient-elles en 24 jours, si les premières planches ont 3 mètres, et les secondes 4 mètres de longueur ?

257. On a payé 480# pour 2 bottes de soie pesant 40 hectogrammes : combien coûteront trois bottes du poids de 75 hectogrammes ?

258. 1000 grenades ont coûté 115# : combien en aura-t-on pour 241# 50 ?

259. Trois ateliers, l'un de 15 hommes, l'autre de 25, et le troisième de 34 ont fait 215 mètres d'ouvrage : combien en auraient-ils fait s'il y avait eu 12 hommes de plus ?

260. 100 piastres d'Espagne valent 543#, et 100 ducats des Pays-Bas valent 1193# : combien 900 piastres valent-elles de ducats ?

261. Un mètre de damas coûte 65# : combien faudra-t-il vendre de mètres de drap à 25# 25 pour recevoir une somme égale au prix de 17 mètres de damas ?

262. Un maçon a reçu 57# 50 pour 23 jours de travail : combien recevrait-il en tout s'il travaillait encore 95 jours ?

263. Un *sovereign* ou livre *sterling* d'Angleterre vaut 25#, et un *Frédéric* de Prusse 20# 80 : combien faudra-t-il de Frédérics pour valoir 104 livres *sterling* ?

264. Combien un gouverneur doit-il faire sortir d'hommes d'une place assiégée, défendue par 18000 soldats et ayant pour 13 mois de vivres, s'il veut que les vivres durent 7 mois de plus ?

265. Un établissement d'instruction se compose de 35 élèves internes, à chacun desquels on fournit, par jour, 7 hectogrammes de pain; il sur-

vient 5 élèves, et la quantité de pain fourni à tous ne change pas : combien en aura chaque élève ?

266. Le schelling d'Angleterre vaut 1# 20 et le rouble de Russie 4# 992 : combien faudra-t-il de schellings pour égaler 1000 roubles ?

RÈGLE DE SOCIÉTÉ.

Du n° 101 au n° 106.

267. Trois entrepreneurs ont mis en commun le premier 4960#, le deuxième 9750#, le troisième 6840# ; leur bénéfice est de 2747# : quelle est la part de chacun ?

268. Quatre associés ont déposé, le premier, 740#, et 5 mois avant la dissolution de l'association 590# ; le second, 2260#, mais 8 mois après le dépôt il a retiré 500# ; le troisième, 990# pendant les 18 mois qu'a duré la société ; le quatrième, 3700# accrus de 640# cinq mois après l'entreprise : quelle est la part de chacun sur une perte de 1248# ?

269. Trois commerçants ont formé une somme de 5860# ; l'un a eu, pour sa part d'un bénéfice de 1100#, 330# ; le deuxième, 370# ; le troisième, le reste : combien chacun avait-il versé ?

270. Cinq négociants ont fait en commun des

entreprises et ont déposé, le premier, 7600# qu'il a retirés dans 2 ans et 3 mois; le deuxième, 9800# laissés 2 ans et 15 jours; le troisième, 12600, dont 9000# ont été retirés après 16 mois de dépôt; le quatrième, 13000# accrus de 700# cinq mois avant la dissolution; le cinquième, 8490# laissés 2 ans et 7 mois, temps de la durée de l'association : quelle sera la part de chacun sur 9950# de bénéfice?

RÈGLE D'INTÉRÊT.

Du no 106 au no 119.

271. Combien 25000# rapporteront-ils en huit ans, au taux 5 °/₀?

272. Combien vaudront, dans 5 ans et 7 mois, 15980#, à 6 °/₀?

273. Que devra, après 5 ans, celui qui a emprunté 7960#, à intérêts composés, au taux 5 °/₀?

274. A quoi aura droit le créancier qui prête à 4 °/₀ une somme de 13900#, à intérêts composés, après 6 ans et 9 mois?

275. A quel taux était prêtée une somme de 8748#, l'intérêt ayant été, en un an, de 437# 40?

276. Quel est le capital qui a produit annuellement 584# 40, au taux de 6 °/₀?

277. Pendant quel temps est resté placé un capital de 27980#, au taux de 5 %, attendu qu'il a rapporté 3497# 75 ?

278. A quel taux était placée la somme de 7846#, si, en 3 ans, elle a rapporté 1059# 21 ?

279. Quel est le capital qui, placé à 5 %, a produit, durant un an et trois mois, 480# ?

280. Un individu a placé, à la caisse d'épargnes, une première fois 500#, une deuxième 425#, une troisième 795# ; la première somme est déposée depuis 2 ans, la deuxième depuis 17 mois, la troisième depuis 13 mois : quel est son revenu échu et quel est son revenu annuel, le taux étant 4 et $\frac{1}{2}$?

281. Un particulier a placé 12000# à 5 %, et a reçu après un laps de temps 19200#, intérêt et capital compris : combien de temps son capital est-il resté placé ?

282. Combien aura-t-on de rente 3 % pour 5000#, le cours étant 67# 50 (1) ?

---

(1) Dans les questions de rente, c'est le capital seul qui varie. La proportion à établir alors est :

Le cours de la rente : taux :: le capital : au revenu.

Pour le n° 283, il n'y a qu'à transporter l'inconnue à la place du capital.

283. Le cours de la rente 4 et $\frac{1}{2}$ est à 97# 50 : quel capital faut-il placer pour avoir 900# de rente?

284. Si l'on eût placé un denier (ancienne monnaie qui était le 12e d'un sou), sous le règne de Charles VI, en 1417, à intérêts composés : à quelle somme se serait-il élevé en 1867, dès lors que le capital aurait doublé tous les quinze ans, au moins?

RÈGLE D'ESCOMPTE.

Du no 119 au no 123.

285. Un commerçant demande à un banquier la somme de 3450#, énoncée sur des billets payables dans 6 mois : que recevra celui-là, l'escompte, en dedans, étant 6 %?

286. Un billet n'échoit que dans un an et 95 jours : combien perdra-t-il de la somme de 990# qu'il énonce, à raison de 6 % d'escompte?

287. Escompter le 21 septembre un billet de 795#, payable le 31 décembre suivant, à raison de 6 %, et après l'escompte en dedans, escompter en dehors.

288. Combien a-t-on gagné pour cent, en vendant 5430# des marchandises qui coûtaient 5200#?

289. Une pièce de vin a rapporté 15 % sur le prix d'achat, et a été vendue 130# : combien avait-elle coûté ?

RÈGLE D'ÉCHANGE.

Nos 123 et 124.

290. Un drap de Louviers coûte 28# le mètre, et la pièce se compose de 75 mètres : combien devra-t-on donner, en échange, d'une étoffe qui n'est estimée que 15# le mètre ?

291. 125 kilogrammes de sucre à 1# 30 doivent être payés en café, estimé 1# 90 le kilog. : combien faudra-t-il de kilogrammes de cette dernière matière ?

292. Un marchand échange 20 kilogrammes de cochenille à 80# le demi-kilog. contre 75 mètres de satin : quel est le prix du mètre de satin ?

RÈGLE DE MÉLANGE.

No 125.

293. Un vin de 0# 50 le litre est mélangé avec un autre de 0# 40 ; il y a 75 litres du premier, et 96 du second : quel sera le prix du litre de mélange ?

294. On veut mêler des vins à 0# 60 avec d'autres à 0# 45, de manière à avoir du vin à 0# 50 : combien faudra-t-il de litres de chaque espèce?

295. Dans la composition d'une liqueur, il entre pour 50# d'eau-de-vie, pour 25# de sucre et pour 15# d'autres ingrédients; le tout se compose de 55 litres : quelle est la valeur intrinsèque du litre?

296. Un particulier possède 15 hectolitres de blé à 16# l'hectolitre, et un autre genre de même grain à 13# l'hectolitre : combien faudra-t-il ajouter de ce dernier grain pour avoir du blé à 15#?

297. Un boulanger a de la farine à 0# 22 et une autre espèce à 0# 27 : combien faudra-t-il de kilogrammes de l'une et de l'autre pour obtenir de la farine à 0# 25 le kil.?

298. 75 grammes d'argent au titre (1) de 0,940 sont alliés avec 54 grammes au titre de 0,850 : quel est le titre de l'alliage?

299. Le titre le plus élevé de l'or, en orfèvre-

---

(1) On appelle titre de l'argent la quantité de millièmes d'argent qui est combinée avec le cuivre. Ce qui manque pour compléter 1000 millièmes désigne le cuivre. Ainsi, l'argent au titre 0,940 renferme 0,060 de cuivre.

rie, est de 0,920, le plus bas est de 0,750 : quel sera le titre d'un mélange de 70 hectog. au titre 0,920 avec 25 hectog. au titre 0,750 ?

FAUSSE POSITION.

Nos 126 et 127.

300. On veut payer 22# 75 avec 42 pièces, les unes de 2#, les autres de 0# 25 : combien faudra-t-il de pièces de chaque valeur ?

301. Un boulanger a de la farine à 0# 45 le kilogramme, et une autre espèce à 0# 35 ; il désire avoir 100 kilogrammes de farine à 0# 425 : quelle quantité de chaque espèce devra-t-il insérer dans l'ensemble projeté ?

FORMULAIRE ADAPTÉ AUX RÈGLES DE TROIS.

Règle de *trois directe*... agisse en diviseur
Principale homogène, émise la *première*.
Règle *inverse*... Un tel rôle a *l'autre* pour acteur.
De plusieurs proportions la série entière
S'écrit l'une sous l'autre : il faut multiplier
Terme à terme *divers*... sur le tout opérer.
Pour la *société*, produit de chaque mise
Par la perte ou le gain, puis le total divise...
En intérêts, les jours, le taux, le capital
Nous donneraient sans doute un nombre colossal ;
Trente-six mille alors diviseront ce nombre.
L'intérêt *composé* survient-il, vous encombre...
Produit du capital et du taux pour chaque an...
Cent devient diviseur : chaque intérêt naissant
S'ajoute au capital ; si des jours apparaissent,
Trente-six mille font le quotient que délaissent
Capital, jours et taux, en produit entassés.
En *taux*, trente-six mille, intérêts condensés...
Produit du capital et des jours les divise.
En *capital*, jours, taux sont produit dont s'avise.
Trente-six mille fois l'intérêt répété :
On a ce capital en quotient rejeté.

Trente-six mille fois l'intérêt s'agglomère,
Pour le *temps*, pour les jours : le quotient s'opère
Quand divise un produit du capital, du taux.
Pour *l'escompte*, jours, somme et taux l'on assimile,
Produit d'où le quotient sort par trente-six mille.
Dans *l'échange*, les prix en des sens inégaux
Font aller l'unité : le second prix divise
Le produit du premier et de la marchandise.
En *mélange*, opérez l'addition des prix ;
Des mesures plus tard quotient sera les fruits.
Multipliez tout titre, en *métaux*, par ses grammes,
Joignez... par grammes naît quotient, en milligrammes.
Des grandes quantités, en *fausse position*,
Avec le but cherché voyez la différence,
Puis celle d'une moindre... une division
Donnera celles-ci, daus plus d'une occurrence.

SOLUTIONS

DES

PROBLÈMES DES EXERCICES.

---

1. 19; 27; 58; 111; 95; 70.

2. Dix; treize; dix-sept; vingt-cinq; trente-quatre; quarante-neuf; soixante-douze, quatre-vingt-six; quatre-vingt-quinze; cent.

3. 10011; 150000; 10200000; 2270000.

4. Cent sept; cent vingt-huit; cent quatre-vingt-dix-sept; mille; mille onze; deux mille sept cent quatre-vingt-six; neuf mille huit cent deux; dix mille.

5. Cent quatre-vingt-dix-huit mille six cent quarante; un million; dix-neuf millions deux cent quatre-vingt-dix; deux cent quatre-vingt-quatre millions neuf cent soixante-dix-sept mille six cent quarante-deux; sept billions deux cent millions sept mille un; huit cent quatre-vingt-seize billions deux cent soixante-treize millions quatre cent trente-quatre mille cinq cent vingt; quarante-sept trillions huit cent billions sept millions neuf cent soixante-quatre mille; quatre trillions deux cent trente-six billions sept cent quatre-vingt millions deux mille.

6. 2000000; 500000000; 4000000000; 5000000000000000; 20012007.

7. 7000000000000000; 702000000000000000000; 809412724.

8. 1500000; 80000000; 240000000000000.

9. 34,27; 246,055.

10. Sept mille huit cent neuf unités trente-cinq centièmes; quatre unités neuf cent quatre-vingt-sept mille six cent quatre millionièmes; douze unités sept millions neuf mille sept dix-millionièmes; soixante-seize cent-millièmes; quatre cent huit millionièmes.

11. 4,410; 8,00015; 0,000402.

12. Soixante-dix millions quatre-vingt-dix mille huit dix-billionièmes; quatre cent quatre-vingt-dix-huit unités; vingt-quatre billions six cent cinquante-neuf millions huit cent soixante-dix mille douze cent millionièmes.

13. 0,000000004; 0,00000000000723.

14. 94,72653; 0,000492.

15. Au sixième rang.

16. Les centaines de mille.

17. 1000.

18. Les centaines de mille.

19. Les centaines de million.

20. Des centaines.

21. La treizième.

22. Dix dizaines de mille.

23. 10000000.

24. Dizaines de quintillion.

25. Le 7 représente des millions, et le 9 des mille.

26. Le troisième des mille et le sixième des centaines de million.

27. 28674,5.

28. 10,7005.

29. Il devient cent fois plus grand.

30. Il sera mille fois plus grand.

31. Des dizaines.

32. 0,0003.

33. 6040; 60400; 604000; 6040000; 60,4; 6,04; 0,604; 0,0604.

34. Elle disparaîtra.

35. Des dizaines de millions.

36. Des centaines.

37. Des unités.

38. 5000000,000000.

39. 283; 3351; 16816; 149691.

40. 101240276; 136348237549.

41. 12071030.

42. 175 kilog.

43. 40000 hommes.

44. 25950#.

45. 582 kilomètres.

46. 12025#.

47. 2600#.

48. 1128000 habitants.

49. En 1867.

50. 203.

51. En 1662.

52. 1331000 habitants.

53. En 1867.

54. 1090#.

55. 53 ans; en 1380.

56. 803#.

57. 252 lits.

58. 1950000 habitants.

59. 19000 grammes.

60. 1406 ans; en 1848.

61. 3765#.

62. 4911#.

63. En 2208.

64. 1610#.

65. 4800 hommes et 900 canons.

66. 1111 et 11111.

67. 256620; 7659177.

68. 111139750; 82; 5188; 358818 et 1.

69. 48888909 et 1928529495.

70. 1455#.

71. 7969211.

72. 6735.

73. 135 et 235#.

74. 1800000.

75. 1299 ans.

76. 600000 habitants.

77. 87852 hommes.

78. 2997; 17 et 1705.

79. 15 jours.

80. 1890#.

81. En 1340.

82. De 620000; 40000.

83. 4380#.

84. En 1790.

85. 75 ans.

86. En 5508 avant Jésus-Christ.

87. 1002; 50168; 48930; 559020; 2441580.

88. 32100732 ; 390308868 ; 148557294580000 ; 969567213154530.

89. 37728#.

90. 30960#.

91. 36135 + 14 jours, compris dans les années bissextiles.

92. 5888#.

93. 36999970.

94. 37788 kilomètres.

95. 13328 lignes.

96. 400000; 1600000.

97. 40000000 mètres.

98. 8988 mois et 3280711 jours, y compris 91 jours d'années bissextiles.

99. 16875 grammes.

100. En 1350.

101. 54312#.

102. 100000.

103. 27930#.

104. 1014000000.

105. 72; 131; 79042; 3642.

106. 3937 + un reste de $\frac{17}{247}$; 1226 + $\frac{15580}{47820}$.

107. 12957# + $\frac{390}{602}$

108. 88 mètres $\frac{164}{172}$.

109. 8283 mètres.

110. 275.

111. 3000000.

112. 786.

113. 728.

114. 130000.

115. 3740 pour les cinq premiers et 534 $\frac{2}{3}$ pour chacun des autres.

116. 622 hégyre : 1453 prise de Constantinople.

117. 35#.

118. 70090400608002.

119. $1^{\text{kilol.}}$ $2^{\text{myriag.}}$ $7^{\text{hectom.}}$ qu'on peut écrire 1000 litres 20000 grammes 700 mètres.

120. $8^{\text{décast.}}$; $0^{\text{a.}}$ 25; 68# 25.

121. $4^{\text{l.}}$ 03; $502^{\text{g.}}$ 015.

122. $0^{\text{m.}}$ 25; $1^{\text{s.}}$ 5; $0^{\text{g.}}$ 007.

123. $9^{\text{k.}}$ $8^{\text{h.}}$ $7^{\text{d.}}$ $6^{\text{g.}}$

124. $3^{\text{K.}}$ $8^{\text{H.}}$ $7^{\text{L.}}$ $7^{\text{d.}}$ $5^{\text{c.}}$; $40^{\text{H.}}$ $00^{\text{A.}}$ $07^{\text{c.}}$; $75^{\text{F.}}$ $2^{\text{d.}}$ $5^{\text{c.}}$

125. $276^{\text{m.}}$ 04; $25^{\text{s.}}$ 50; $789^{\text{l.}}$ 95.

126. 120918,905.

127. $6591^{\text{m.}}$ 8.

128. 915,05; 28856,025; 482075,42.

129. $22502^{\text{f.}}$ 75.

130. 100^a. 25.

131. 104^l. 1.

132. 18431116,2750 ; 51284,96336 ; 352,33454 ; 0,00000000180.

133. 121820^m. 3.

134. 51837^g. 3.

135. 3185. ...

136. 127,8776; 10,93; 7,0013; 22,6666. ...

137. 169^a. 76777....

138. 698^a. 245.

139. 278^k. g. 30.

140. 108#.

141. 2370^g.; 7250^g.

142. 1965^g.

143. 13# 20.

144. 265#.

145. 5962; 5931.

146. Premier 99550#; deuxième 59740#; troisième 33216# 66; quatrième 26593# 54.

147. 420 lieues; 7 lieues; 75784000 lieues.

148. 1# 95.

149. 49375 grammes; 44437 gr.: 4937^gr. 5.

150. 4# 50.

151. 2000000 Londres.

1500000 Paris.

500000 Saint-Pétersbourg.

220000 Madrid.

4220000 Total.

152. 225000 mètres carrés.

153. 375 k.g. 72.

154. 1635#, chacun aura 10# 62.

155. 515168 dixièmes.

156. 626#.

157. La pièce d'or pèse 1g. 452 de plus. L'or pèse 248g. 724 et l'argent 2450 gr.

158. 1053 k.g. 98.

159. La première 34 ans; la deuxième 94 ans; la troisième 493 ans; l'empire Arabe 621 ans; les Turcs (1867) 624 ans.

160. 43 k.g. 743.

161. 0 k.g. 6621 de cuivre; 0 k.g. 3578 de zinc.

162. 580 kilog....

163. 5985 D.l.; 1110 litres.

164. 35 hectol....

165. 900#; 120#.

166. 12a. 29.

167. 1860# en or; 120# en argent.

168. 702# 70.

169. 5000 vaisseaux; 60000 hommes; 48 ans.

170. 4 minutes et 10 secondes.

171. 2030# 688; 90 hectol. 25; 7015 kilog. 59 de farine 9600 kil. de pain.

172. 7; 14; 29; 55; 90; 74; 97.

173. XII; XXXVI; LXXV; LXXXVIII; XCVIII; CXL; CC.

174. 99; 150; 165; 400; 900; 5000; 9000.

175. DCLXXVI; CMXCIII; $\overline{X}$; $\overline{CC}$; $\overline{CCCXLVI}$DCCXXVII.

176. 40000; 500000000; 5000000; 2000000000; 490100000.

177. $\overline{\overline{XXVI}CDLXXIX}DCCC$; $\overline{\overline{XXXVI}}LXXIX$; $\overline{\overline{XXVII}}CDIX$.

178. MDCCCLXVIII.

179. XLIII.

180. MCDLXXIX; MDXVI; XXXVII.

181. $\overline{\overline{LXXVIII}}\overline{DCCCXL}$.

182. $\frac{12}{7} = 1 + \frac{5}{7}$.

183. $\frac{58}{35} = 1 + \frac{23}{35}$; $\frac{220}{96} = 2 + \frac{7}{24}$; $\frac{915}{750} = 1 + \frac{33}{150}$.

184. $\frac{399144}{117504} = 3 + \frac{5829}{14688}$; 12 unités $+ \frac{5}{21}$.

185. $35 + \frac{23}{28}$; 176 unités $+ \frac{5}{9}$.

186. $\frac{1}{9}$; $\frac{4}{23}$; $\frac{7}{12}$.

187. $\frac{179}{630}$; $\frac{977}{2520}$.

188. 8 unités $\frac{13}{30}$; 1 unité $\frac{1}{6}$.

189. 2 unités $\frac{19}{45}$; 0.

190. $\frac{20}{81}$; $\frac{21}{300}$; $\frac{2}{5}$; $\frac{75}{144}$.

191. 74 unités $\frac{1}{32}$; 399 unités $\frac{65}{143}$.

192. 50; 60 + $\frac{3}{4}$.

193. 2 unités $\frac{1}{27}$; 1 unité $\frac{3}{4}$; 1 + $\frac{68}{83}$.

194. $\frac{16}{21}$; 41 + $\frac{4}{5}$.

195. 1 unité $\frac{53}{136}$; 3 unités $\frac{15}{46}$.

196. $\frac{7}{9}$.

197. 20; 16; 2; 1.

198. Ils n'en ont pas d'autre.

199. 40000.

200. $\frac{8}{25}$.

201. 25.

202. 14,14.

203. 243.

204. 6781^{f} 25.

205. $\frac{2}{15}$.

206. $17^{k.g.}$ 601 + $\frac{6}{11}$ de gramme.

207. 2 heures et 45 minutes.

208. 20^{f}.

209. $2{,}457^{millim.}$ + $\frac{1}{7}$.

210. $\frac{24}{35}$ de stère.

211. 72 kilom...

212. 102 jours $\frac{6}{7}$.

213. 26 heures et 10 minutes.

214. 1 heure et 4 minutes.

215. De $\frac{2}{25}$.

216. En 2 heures et demie.

217. 4 unités.

218. 0,4666.

219. $\frac{252}{17}$.

220. 0,428571.

221. 78000 lieues.

222. 7339040224.

223. 515846550629376.

224. 100m. car. 007505.

225. 10m. cub. 023000136.

226. 0m. car. 070008.

227. 0m. cub. 000015025.

228. 46800.

229. 2475000000.

230. 6 chiffres.

231. 9 chiffres.

232. 3405 m. car. 78 déc. car. 60 cent. car. 40 millim. car.

233. 75 mètres cubes 276 décim. cub. 409 centim. cub. 500 millim. cub.

234. 186 + un reste de 160; 6472.

235. 98741 + un reste de 91359.

236. 248766026460,2500; 5044212913701,617025.

237. 0,000625; 0,000000000583696.

238. 2145 + un reste de 7042175.

239. 111980168; 78799095438848.

240. 0,000000000000000097336.

241. 246,75.

242. 796; 796.

243. 52615.

244. 76 hommes pour avoir un carré de 120 sur chaque rang.

245. La table aurait 148 centim. de côté, en supprimant 212 centimètres de surface, et 149 centim. en ajoutant 80 centim...

246. 12 mètres carrés.

247. 182 m. en supprimant 92 mètres carrés qui restent, et 183 en ajoutant 273 m. carrés.

248. 171 mètres 73 centimètres, à un centimètre près, en moins.

249. 25 jours + $\frac{41}{65}$ de jour.

250. 24 jours + $\frac{1872}{13975}$ ou 1 heure, à quelques minutes près.

251. 101$^{\text{kilog.}}$ 25.

252. 17 chars + 14 planches, en supposant les chars de 32 planches.

253. 3 jours 1 heure et 10 minutes, les jours étant comptés à raison de 12 heures.

254. 120 marches.

255. 30 mètres.

256. 2000 planches.

257. 900#.

258. 2100 grenades.

259. 263$^{\text{m.}}$ 378 millim...

260. 409 ducats + $\frac{6}{7}$ approximativement.

261. 43 mètres 76 centim.

262. 295#.

263. 130 Frédérics.

264. 5400 hommes.

265. 6 hectogrammes 125 décigrammes.

266. 4160 schellings.

267. Le premier aura 632# 25.

Le deuxième aura 1242# 84.

Le troisième aura 871# 90.

268. Le premier aura 140# 33.

Le deuxième aura 307# 75.

Le troisième aura 153# 70.

Le quatrième aura 646# 21.

269. Le premier aura 61# 94.

Le deuxième aura 69# 45.

Le troisième aura 968# 60.

270. Le premier aura 1489# 67.

Le deuxième aura 1743# 04.

Le troisième aura 1855# 56.

Le quatrième aura 2951# 04.

Le cinquième aura 1910# 66.

271. 10000#.

272. 21333# 30.

273. 10159# 15.

274. 18115# 56.

275. A 5 %.

276. 9740#.

277. 2 ans et 2 mois.

278. 4 et $\frac{1}{2}$ %.

279. 7680#.

280. 110# 975; 72# 90.

281. 12 ans.

282. 222^{f} 22...

283. 19944^{f} 44...

284. 2 millions 236 mille 962 francs 2 sous 8 deniers.

285. 103^{f} 50.

286. 75^{f} 075.

287. 13^{f} 25; 13^{f} 475.

288. 4^{f} 425.

289. 110^{f} 50.

290. 140 mètres.

291. 85... kilogrammes.

292. 42^{f} 66...

293. 0^{f} 44...

294. 2 mesures à 0^{f} 45 et une à 0^{f} 60.

295. 1^{f} 636...

296. 2 hectolitres de 16^{f} seront mélangés avec 1 de 13^{f}; il faudra 7 hectolitres et $\frac{1}{2}$ du prix de 13^{f} avec les 15$^{h.}$ à 16^{f}.

297. 2 kilogr. à 0^{f} 22 et 3 kilogr. à 0^{f} 27.

298. 0^{gr} 902 + $\frac{42}{129}$.

299. 0^{gr} 875 + $\frac{5}{19}$.

300. 55 pièces à 0# 25 et 7 pièces à 2#.

301. 75 kilog. de la farine à 0# 45 et 25 kil. de celle de 0# 35. Le mélange voulu s'obtient en prenant 3 de la première et 1 de la deuxième.

ERRATA.

Page 76, 2e ligne du no 122, *lisez :* de, *au lieu de* ce.

Page 104, première ligne de la note, *lisez* sur, *au lieu de* su.

TABLE DES MATIÈRES.

PREMIÈRE PARTIE.

SECONDE PARTIE.

EXERCICES.

FIN DE LA TABLE.

Clermont, impr. Ferdinand Thibaud.

A la même Librairie Ferdinand THIBAUD :

Art épistolaire, in-18, cartonné. » 35
Alphabet chrétien, in-18, cartonné. » 20
Catéchisme historique, in-18, cartonné. » 30
Comptes faits de Barême, en francs et centimes, 1 vol. in-32, relié. » 50
Conduite chrétienne, in-12, relié. » 80
Conduite, ou *Cher Enfant*, in-18, relié » 45
Devoirs du Chrétien, in-12, relié. » 80
De Viris illustribus urbis Romæ, in-18, cart. » 60
Doctrine chrétienne, in-12, relié. » 80
Epitome Historiæ sacræ, in-12, cartonné. » 50
Epitres et Evangiles, in-12, relié. » 80
Epitres et Evangiles, in-18, relié. » 50
Fables de Fénélon, in-18, cartonné. » 40
Géographie (cours de), in-18, cartonné. » 40
Grammaire française de Lhomond, in-12, cartonné. » 25
Grammaire latine de Lhomond, in-12, cartonné. » 70
Histoire abrégée de la Religion, in-12, relié. » 80
Histoire abrégée de l'Eglise, in-12, cartonné. » 80
Histoire d'Allemagne, 2 forts volumes format Charpentier, broché 8 »
Histoire sainte (abrégé de l'), in-12, cartonné. » 30
Horatii Flacci epistola ad Pisones de arte poetica, in-8°, broché. 6 »
Horatii carmina expurgata cum notis latinis ad usum scholarum, in-18, cartonné. » 50
Instructions pour les jeunes gens, in-12, relié. » 75
Morale en action, in-12, relié. » 80
Notions et Exercices de Plainchant ou Chant ecclésiastique romain, in-18, cartonné. » [illegible]
Psautier disposé pour les jours de la semaine, in-18, cartonné. » 40
Selectæ è profanis scriptoribus historiæ, in-12, cartonné. » [illegible]
Table des Logarithmes a cinq décimales, pour les nombres de 1 à 10,000, et pour les fonctions trigonométriques, par MM. Bourget et Alexandre, in-18, cartonné toile. 1 50
Théorie élémentaire des approximations numériques, par J. Bourget, in-8°, broché. 1 75
Virgilii opera, in-18, cartonné. » 70
Vocabulaire français (nouveau), par Vailly, Noël et Chapsal, in-8° (332 pages), relié. 2 50

www.ingramcontent.com/pod-product-compliance
Ingram Content Group UK Ltd.
Pitfield, Milton Keynes, MK11 3LW, UK
UKHW012227240726
13966UKWH00003B/995

9 782011 900845